LE PRÉHISTORIQUE

DANS LES

Grottes, Abris-sous roche et Brèches osseuses

des Bassins des Fleuves tributaires de la Méditerranée

PAR

Paul de MORTILLET

Huitième Congrès préhistorique de France
Session d'Angoulême, 1912 (Pages 390 à 434).

LE MANS

IMPRIMERIE MONNOYER

12, PLACE DES JACOBINS, 12

1913

Le Préhistorique dans les Grottes, Abris sous roche et Brèches osseuses des Bassins des fleuves tributaires de la mer Méditerranée.

Par

Paul de **MORTILLET** (Paris).

Les comptes rendus des Congrès préhistoriques de Tours et de Nîmes ont donné l'inventaire des grottes et abris préhistoriques des bassins des fleuves tributaires de la mer du Nord, de la Manche, et de l'Océan Atlantique. Je termine cette année ce travail, pour la France, par la description des gisements des départements, compris dans les bassins des fleuves tributaires de la mer Méditerranée.

Versant de la mer Méditerranée.

Bassin du Rhône.

HAUTE-SAONE

Arrondissement de Vesoul. — Canton de Vesoul. — *La grotte d'Echenoz-la-Méline*, dite *Trou de la Baume*, s'ouvre sur le flanc gauche et presque au sommet d'un vallon, à 4 kil. au Sud de Vesoul. Thirria y fit des fouilles en 1827, puis les Allemands pendant la guerre de 1870 et les gens du pays ont retourné le sol de la grotte, pour y recueillir des ossements d'animaux fossiles. La Société d'agriculture de la Haute-Saône, fit faire quelques recherches, qui amenèrent la découverte, dans la première chambre, d'un foyer de peu d'épaisseur, à 0^m30 de la surface du sol, avec des fragments de poteries de diverses époques et deux coquilles percées.

La grotte de Quincey ou *Trou de la Chèvre* se trouve à 4 kil. de Vesoul, à un coude brusque de la vallée de la Colombine. Fouillée par Travelet, en 1880, elle renfermait des os humains, un foyer et des débris de poterie noire.

Les grottes de Frotey-les-Vesoul n'ont fourni aucun reste d'industrie préhistorique.

CANTON DE PORT-SUR-SAONE. — *Une petite grotte*, à l'est et presque en face du village de Chaux-les-Ports, rive droite de la Saône, a été fouillée par Galaire. Il rencontra, à 0^m60 de profondeur, sous une couche de stalagmites, un foyer avec débris de poterie et une belle lame de silex finement retouchée sur les bords de 0^m17 de long.

CANTON DE VITREY. — *Deux Grottes* très voisines, aux environs de la montagne de Morey, ont été explorées par Bouillerot. Elles contenaient des foyers, des lames de silex, des outils en os et bois de cervidés se rapportant, dit-on, au Magdalénien ; des lissoirs en os et des fragments de poterie robenhausiens.

Arrondissement de Gray. — CANTON DE CHAMPLITTE. — *Les trois Grottes*, situées dans la vallée du Vannon, territoire de la commune de Fauvent-le-Bas, fouillées par Thirria, en 1827, n'ont pas fourni de trace d'occupation humaine. Dans une petite dépression en forme de cul-de-sac, Nodot a trouvé des lames de silex et des tessons de poterie.

CANTON DE FRESNE-SAINT-MAMÈS. — *La Grotte de Fretigney* ou *Baume Noire*, commune de Fretigney-et-Velloreille, a donné à Aug. Gasser, des objets d'industrie qu'il rapporte à la fin de l'époque néolithique.

Arrondissement de Lure. — CANTON D'HÉRICOURT. — *La Grotte de la Baume* est sur la commune de Gonvillars, à 20 mètres au-dessus du fond de la vallée. Elle a été fouillée à différentes époques, par Muston, Henry de l'Epée et autres explorateurs. D'après Muston, elle contenait trois niveaux ; l'inférieur avec silex taillés magdaléniens, au-dessus une couche à industrie robenhausienne, et près de la surface du sol, objets en bronze larnaudiens, se composant de pointes de lance, boutons, épingle, lame de couteau et petits anneaux. H. de l'Epée découvrit un foyer, des os humains, un fragment de hache polie, des grattoirs en silex et deux pointes de lance en bronze.

COTE-D'OR

Arrondissement de Dijon. — CANTON DE SOMBERNON. — *La Grotte* dite *Trou de la Roche*, s'ouvre dans une falaise, à 80 mètres au-dessus du village de Baulme-la-Roche. Cl. Drioton, G. Gruère et le Dr J. Galimard, exécutèrent, en 1901, des fouilles sur une longueur de 28 mètres à partir de l'entrée. Ils recueillirent des fragments de poterie faite au tour et lustrée et une perle en verre ; plus loin était un foyer, avec nombreux tessons de poterie gallo-romaine, fragment de verre, une épingle en bronze et des perles. A une profondeur variant de 0^m80 à 1^m20, suivant les endroits, se trouvaient de nombreux os humains, des débris de poterie faite à la main, des poinçons en os, deux lames de silex et divers éclats.

La Grotte de la Roche Chèvre se trouve dans les abrupts situés à un kilomètre au Nord-ouest de Barbirey-sur-Ouche. Deux énormes blocs éboulés partagent la grotte en deux salles. Dans celle de gauche, Cl. Drioton, Gruère et le Dr Galimard trouvèrent, en 1903, un foyer avec de nombreux fragments de poteries grossière et gallo-romaine, une hache polie en silex, une perle en ambre, un ciseau en os, un poinçon en corne, une épingle en bronze, une monnaie romaine et des os humains. L'autre salle a donné des tessons de poteries d'âges divers, un couteau en bronze et un en fer et un aiguisoir.

Arrondissement de Beaune. — CANTON DE NOLAY. — *L'abri de Saint-Aubin* est situé à 2 kil. du village de ce nom, sur le versant septentrional de la montagne de Santhenay. Fouillé par Collot, il contenait deux foyers moustériens avec quelques coups-de-poing acheuléens, de grandes lames et des racloirs. Vers la partie supérieure du dépôt se trouvaient des foyers avec quelques instruments en os et en silex, de formes magdaléniennes.

La Grotte dite la *Roche-Fendue de Santhenay* est une fissure, sur les flancs du Mont-Seune, dans le bois de Fées. De Longuy, Bergeret et Hamy, en 1870, découvrirent, dans les couches supérieures, un foyer et des squelettes humains, accompagnés de débris de poterie robenhausienne. A plus de 8 mètres au-dessous du premier, se trouvait un grand foyer d'un mètre de diamètre et 1^m40 d'épaisseur, limité par de grosses pierres, disposées en cercle. Il date probablement de l'époque paléolithique, mais il ne renfermait aucun objet d'industrie et des débris d'ossements indéterminables.

La brèche de la Pointe-du-Bois et *la Grotte Saint-Jean* sur le versant Sud de la montagne de Santhenay, fouillées par de Longuy, et *la Grotte de Bas-de-Loch*, à Saint-Romain, explorée par de Saulcy, n'ont servi que de repaires aux animaux carnassiers.

Canton de Nuits. — *La Grotte du Trou-Léger*, commune de Nuits, a donné à E. Meray quelques silex taillés et de la poterie faite au tour.

Arrondissement de Châtillon-sur-Seine. — Canton de Laignes. — *La Grotte ou Baume de Balot* est située près de ce village, dans les bois de Laignes. Elle renfermait un dépôt de 2 mètres d'épaisseur, qui fut fouillé par J. Beaudouin. Dans la couche supérieure il y avait des lames et nucléus de silex et des fragments de poterie grossière ; puis une couche de stalagmites et au-dessous des os d'animaux quaternaires.

La Grotte dite *Petite-Baume*, dans les bois en face de la précédente, dont elle n'est séparée que par un étroit vallon, fut fouillée, en 1870, par Mailly et J. Beaudouin. Ils trouvèrent, sous une couche de détritus de 0^m45 d'épaisseur contenant quelques os humains et des débris de poterie faite au tour, une couche roben_hausienne avec poinçons en os, grattoirs en silex et tessons de poterie.

Arrondissement de Semur. — Canton de Semur. — *L'abri de Cros*, connu aussi sous le nom de *Brèche de Genay*, est situé sur le versant Sud de la montagne de Genay, au-dessus de la fontaine de Saint-Côme. J. Collenot découvrit, dans cette brèche osseuse, des foyers avec coups-de-poing acheuléens et pointes à main moustériennes.
Un abri, au lieu dit la Verpilière, près du hameau de Menetoy, commune de Vic-de-Chassenay, a donné à H. Marlot, au milieu de foyers, des haches polies, pointes de flèche, grattoirs et lames en silex, et de la poterie robenhausienne.

Canton de Flavigny-sur-Ozerain. — *La brèche de Ménétreux-le-Pitois*, territoire de cette commune, est sur le versant Sud de la montagne, près d'une belle fontaine. Explorée par H. Marlot, il recueillit des silex taillés moustériens.

JURA

Arrondissement de Lons-le-Saunier. — Canton de Voiteur. — Une série de grottes et d'abris sont creusés dans les parois verticales de rochers qui encadrent le vallon de Baume, sur le territoire de Baume-les-Messieurs.

La Grotte de Baume, dont certaines parties ont été fouillées, a fourni des débris de poterie, des objets en os et une gaine de hache en bois de cerf.

La Grotte du Bout-du-Monde n'a pas été fouillée. A. Viré y a constaté la présence de nombreux silex taillés.

Dans un vaste *abri*, dont le dépôt contenait des foyers, A. Viré récolta des débris de poterie, des fusaïoles en terre cuite, une hache, deux lances, deux bracelets, sept anneaux, un ardillon de faucille et huit épingles, en bronze larnaudiens.

La Grotte des Roches, au fond de la vallée de la Baume, fut fouillée de 1865 à 1869, par la Société d'Emulation du Jura. Une pointe de flèche en silex, des fragments de poterie grossière et des os humains furent découverts.

Canton de Bletterans. — *La Grotte d'Arlay* s'ouvre près des dernières maisons du village, sur la rive droite de la Seille. Elle fut découverte, en 1889, et fouillée en partie par Abel Girardot et par le propriétaire Denis Guérin. Le dépôt de 0ᵐ80 de puissance est compris entre deux couches stalagmitiques; il contient un petit nombre de lames, burins et autres silex taillés, magdaléniens, et de nombreux instruments en os et bois de renne, dont plusieurs ornés de gravures : pointes de harpon barbelées, pointes de sagaie à bases fendues, en biseau et pointue, aiguilles à chas, perçoirs, spatules et poignards.

Canton de Saint-Julien. — *La Grotte de Loisia* ou *de Gigny*, sur cette commune, a été explorée par Lafond et Carron. Ils découvrirent, sous un mètre environ de remblai contenant des fragments de poteries de différents âges, des fibules et poinçons en bronze et des objets en fer, des squelettes humains accompagnés d'une hache polie, de poignards, scies et autres silex taillés robenhausiens, de débris de poterie et de dents de divers animaux percées.

La Grotte de la Balme-d'Epy, commune de ce nom, contenait, d'après l'abbé Béroud et Victor Carron, des silex taillés magdaléniens.

Arrondissement de Poligny. — Canton de Poligny. — *La grotte* dite *Trou de la Baume* est à 500 mètres de Poligny. J. Feuvrier et F. Vuillermet y ont trouvé des traces de foyers, de nombreux débris de poteries de différents âges, un fragment de bracelet en lignite, et des objets en fer.

Canton d'Arbois. — *La Grotte des Planches* ou *de la Grande-Source*, au hameau des Planches près d'Arbois, s'ouvre au pied des falaises de La Chatelaine. En 1825, on a découvert, dans la galerie supérieure, deux squelettes humains sous une dalle, avec un collier, un couteau et deux épingles en bronze, et quelques débris de poterie.

Le Trou de la Vieille-Grand-Mère, grotte de la commune de Mesnay, a été fouillé par E. Boilley et A. de Mortillet, qui recueillirent des silex taillés magdaléniens.

Canton de Champagnole. — *Une Grotte à la Reculée de Ney*, entre Monnet-la-Ville et Ney, en face du rocher de la Grande Chatelaine, a donné à A. Girardot une hache polie, un percuteur, un grès à aiguiser, dix fusaïoles, un fragment de bracelet en jayet, un débris de bronze et de très nombreux tessons de poterie.

Arrondissement de Dôle. — Canton de Rochefort. — *La Grotte*, dite *Trou de la Mère-Clochette*, est située à un kilomètre au Nord-est du village de Rochefort. Fouillée depuis 1905, par J. Feuvrier, elle contenait, dans la couche inférieure, un dépôt magdalénien avec de nombreux silex taillés : lames, burins, grattoirs ; des pointes de sagaie en bois de renne, des perçoirs, poignards et spatules en os ; une canine percée, des os sculptés et gravés représentant, entre autres, un ours et un poisson. Dans la couche supérieure, se trouvaient des débris de poterie de l'âge du fer.

DOUBS

Arrondissement de Besançon. — Canton d'Amancey. — *Plusieurs grottes* existent dans les parois verticales du Puits-Billard, situé près de Nans-sous-Sainte-Anne. A. Viré a exploré une de ces grottes, elle contenait des foyers avec nombreux fragments de poterie et une aiguille en bronze.

Canton d'Audoux. — *La Grotte de la Roche* est située à moins d'un kilomètre au Sud de Courchapon. A. Girardot et A. Vaissier y découvrirent trois foyers robenhausiens, avec lames et pointes de flèche barbelées en silex, nombreux bois de cerf travaillés, gaines de hache, pics, pioches, poinçons, et des débris de poterie. Des sépultures gauloises comprenant dix-sept squelettes, des poteries, perles en ambre et terre cuite, petits anneaux et épingles en bronze, furent aussi mises à jour.

Canton d'Ornans. — *La Grotte de Scey-en-Varais*, se trouve en aval de Scey, sur la rive droite de la Loue. Elle a donné, à E. Fournier, trois fusaïoles en terre, une gaine de hache en bois de cerf et des fragments de poterie de diverses époques Il y avait aussi des objets en métal : une herminette à douille, deux épingles, deux couteaux, et des fibules en bronze; des fibules et des clous en fer.

Arrondissement de Baume-les-Dames. — Canton de Mont-béliard. — *La Grotte d'Allondans*, sur cette commune, a fourni, à H. de L'Epée, des os humains, de la poterie grossière, des silex taillés et outils en os robenhausiens, ou peut-être tourassiens ?

Canton de Pont-de-Roide. — *La Grotte de Rochedane* se trouve dans les environs de Pont-de-Roide. D'après les recherches du Dr Muston, à la surface se rencontre un dépôt robenhausien, avec pointes de flèche à pédoncule et barbelures, pointes de lance en silex, etc. Il y avait aussi des objets romains en bronze. Au-dessous, dépôt magdalénien avec nombreuses lames de silex et instruments en os. Vers la base, se trouvaient des silex plus grossièrement taillés et plus volumineux, que Muston rapporte au Moustérien et au Solutréen ?

Canton de Saint-Hippolyte. — *L'abri de Châtillon* a été fouillée par H. de L'Epée. Il trouva, à la base du remblai, des silex taillés, des os et des bois de cerf travaillés, peut-être de l'époque tourassienne ? et au-dessus des foyers, de la poterie et instruments en silex robenhausiens, de nombreux os humains, et quelques objets en fer du moyen âge.

La Grotte du Château-de-la-Roche, commune de Saint-Hippolyte, a donné, à de Prinsac, des andouillers de cerf, des défenses de sanglier et de la poterie primitive.

SAONE-ET-LOIRE

Arrondissement et canton de Mâcon. — Le célèbre *gisement du Cros du Charnier*, à Solutré, près de Mâcon, qui occupe un petit plateau au pied d'un grand escarpement de rocher, ne peut-être considéré comme un abri sous roche. Cette station, qui a donné son nom à la quatrième époque paléolithique, renfermait des foyers avec de nombreuses pointes en feuille de laurier, grattoirs et poinçons en silex. On y a découvert aussi de nombreuses sépultures ; les tombes limitées par de petites dalles en calcaire local, ne contenaient que quelques débris de poterie et un anneau métallique, on ne peut les faire remonter au-delà de l'époque wabénienne. Signalé par de Ferry, ce gisement a été fouillé par plusieurs palethnologues et plus particulièrement par Arcelin et Ducrost.

La Grotte des Tanières, commune de Vergisson, a été explorée par Rozet et de Ferry, qui ont découvert des foyers, des pointes à main et des racloirs moustériens en silex et quelques coups-de-poing acheuléens.

La Grotte de la Veuve-Bridet, à Vaux-Verzé, contenait des objets d'industrie robenhausiens.

Arrondissement d'Autun. — Canton d'Issy-l'Évêque. — Au pied d'*abris* situés au pont de Gourmandoux, sur les bords de l'Arroux, à Montmort, H. Marlot, en 1911, a recueilli un certain nombre d'instruments en silex magdaléniens.

Arrondissement de Châlon-sur-Saône. — Canton de Givry. — *La Grotte de Germolles* ou *de la Verpillière*, à Mellecey, est ouverte dans les rochers de la Verpillière.

L'intérieur, presque complètement rempli, n'a fourni que quelques silex taillés. Un dépôt de un mètre d'épaisseur sur le devant de la grotte a donné, à Charles Méray, une quinzaine de coups-de-poing acheuléens, de nombreux racloirs et pointes à main moustériens, et des lames et grattoirs en silex, instruments en os et deux dents percées magdaléniens. Les niveaux n'ont pas été bien observés par l'explorateur.

Canton de Buxy. — *La Grotte de Culles*, d'après les recherches de L. Landa, contenait d'assez abondants silex taillés moustériens.

Canton de Chagny, — *La Grotte de la Mère-Grand* s'ouvre dans une gorge profonde, à un kilomètre de Rully. L'intérieur de la grotte était complètement rempli quand Ernest Perrault y fit des fouilles en 1869. Il découvrit un foyer établi sur une plaque rectangulaire de calcaire, et tout autour des silex taillés moustériens. Dans la couche située au-dessus, se trouvaient quatre petits foyers magdaléniens, avec silex taillés, surtout des lames et un poinçon en os.

Arrondissement de Charolles. — Canton de Digoin. — Sous un *abri à La Rochette*, près de Digoin, F. Pérot a trouvé des lames et éclats de silex.

Canton de Bourbon-Lancy. — *Une faille* avec diverses anfractuosités, mise à jour et détruite par l'exploitation d'une carrière de marbre à Gilly-sur-Loire, a été explorée par Poirrier qui recueillit des silex taillés.

AIN

Arrondissement de Bourg. — Canton de Ceyzériat. — *La Grotte des Balmes*, à Villereversure, est située à la partie méridionale d'une petite colline. Béroud et Tournier y rencontrèrent quelques silex d'aspect moustérien, et, à la surface et à diverses profondeurs des os humains, une épée de fer, une agrafe, un bouton et un anneau en cuivre, une rouelle en plomb, un fragment de bracelet et d'épée en bronze, et de nombreux débris de poterie avec ornements en dents de loup.

Dans la *Grotte de la Tessonnière*, à Ramasse, des fouilles sommaires ont été faites à l'entrée, en 1903, par Ch. Guillon et Tournier. Ils récoltèrent quelques silex taillés et des fragments de poterie grossiere.

Les Grottes et Abris de Meyriat, sur les bords du Suran, ont fourni, à Ch. Guillon et Tournier, des débris de poterie grossière.

La Grotte des Fées est située à l'extrémité Nord de la colline qui s'étend de Meillonnas à Treffort, sur cette commune. Elle a donné de nombreux petits fragments de poterie grossière et quelques silex taillés : sous de grosses pierres étaient entassés beaucoup d'os humains.

La Grotte de Bauchin ou *Grande-Grange* se trouve sur la commune de Simandre, rive gauche de la Dhuis. Explorée par Cotton et Sommier, elle ne renfermait que des tessons de poteries, les uns romains, d'autres d'époques plus récentes, et quelques-uns d'apparence néolithique.

Canton de Pont-d'Ain. — *La Grotte de la Colombière*, sur la rive droite de l'Ain, en amont de Neuville, a été fouillée par Moyret en 1876. Il recueillit des silex taillés.

L'abri de Châteauvieux-sur-Suran est situé sur le bord du chemin de Saint-Martin-du-Mont à Neuville, sur cette commune. On y a trouvé des os humains et un foyer, avec silex taillés et bois de renne travaillés magdaléniens.

Arrondissement de Belley. — Canton de Virieu-le-Grand. — *La grotte des Hoteaux*, à un kilomètre de Rossillon, près et à 20 mètres au-dessus du Furans, tire son nom du moulin des Hoteaux situé à côté, elle s'ouvre au fond d'un vaste abri. L'abri, fouillé en 1894, par A. Tournier et Ch. Guillon, contenait, dans un terrain meuble de 2^m35 de puissance, six couches de foyers superposées, séparées par des couches stériles jaunes, alluviales et détritiques. Ces foyers renfermaient tous l'industrie magdalénienne en silex, os et bois de renne; les os de renne étaient très abondants dans les deux foyers inférieurs, moins dans le quatrième et surtout dans le troisième. Ils sont peu à peu remplacés par les os de cerf élaphe, qui seuls se rencontrent dans les deux foyers supérieurs, d'ailleurs très pauvres en objets. Un squelette humain fut découvert au niveau de la sixième couche de foyers, à 1^m90 ou 2 mètres de profondeur L'âge de ce squelette n'a pas été déterminé de manière certaine; c'est peut-être celui d'un homme inhumé postérieurement dans le dépôt paléolithique, ou celui d'un magdalénien noyé accidentellement, la grotte étant exposée aux inondations, comme le prouve les couches stériles alluviales.

Un abri se voit près de la Grotte de Pugieu, à 4 kilomètres de la grotte des Hoteaux, dans les parois de la cluse des Hôpitaux. On y a recueilli des silex taillés.

Canton de Belley. — Dans la montagne de Cordon, sur le territoire de Brégnier-Cordon, existent plusieurs grottes et abris. *La Grotte de la Bonne-Femme* est située à la base du mont Cordon, près du lac de Pluvis. On y a découvert de nombreux silex taillés et quelques outils en os et bois de renne magdaléniens. *Une Grotte*, près de la gare de Brégnier, n'a livré que des débris de poterie gauloise.

Canton de Champagne. — La commune de Songieu possède *plusieurs grottes*, connues sous le nom de *Narôvives*, ou habitations des fées. Guigue, en ayant fouillé une, au lieu dit Sous le Pic, jusqu'à 0^m40 de profondeur, a recueilli une rouelle en plomb, de la poterie grossière, un grand polissoir en grès et des éclats de silex.

Arrondissement de Nantua. — Canton de Poncin. — *Un abri*, sur les bords de l'Ain, ne contenait plus qu'une partie intacte du dépôt, lorsqu'il fût fouillé par Arcelin, qui trouva de nombreux silex taillés robenhausiens, des fragments de poterie et un morceau de pierre polie.

SAVOIE

Arrondissement de Chambéry. — Canton de Chambéry. — *La Grotte du Nivolet* ou *Barma* s'ouvre dans l'escarpement méridional de la Dent du Nivolet. Une vieille muraille en fermait autrefois l'entrée ; à côté, se dresse un petit pavillon, édifié par le Dr Jules Carret. Le sol contenait des objets en os, et des débris de poterie robenhausienne.

La Grotte de Challes est sur le versant Ouest de la montagne qui domine Challes-les-Eaux, commune de Curienne. Fouillée en partie par J. Carret, il rencontra vers l'entrée, un fragment de hache en bronze, et vers le milieu et dans le fond, de très nombreux os humains, une belle pointe de lance en silex, et un poinçon en os.

Canton d'Albens. — *Les Grottes de Savigny* sont situées près de ce village, commune de La Biolle, dans le flanc Est du mont de Corsuet. Elles ont été explorées par le vicomte Lepic, vers 1873. *La Grande Barme*, la plus spacieuse, a donné, au niveau supérieur, quelques débris romains, et au-dessous de nombreux foyers robenhausiens avec d'abondants fragments de poterie, des lames et éclats de silex, des haches polies en serpentine et des poinçons en os. Dans un mur en pierres sèches, à l'entrée de la grotte, on a trouvé des poinçons en os et un poignard de bronze. Il y avait aussi des os humains. *Une petite Grotte*, à 25 mètres de la précédente, ne contenait que des restes de foyers, sans objets d'industrie. *La Petite Barme*, à 300 mètres environ de la Grande-Barme, n'a fourni que des tessons de poterie faite au tour. *La Goulette-Jaune*, à 600 mètres environ de la Grande-Barme, renfermait, dans une petite salle close par une dalle de calcaire, quatre petits tas d'os humains, à 0m80 les uns des autres, rangés le long des parois, sans aucun objet d'industrie.

Canton d'Aix-les-Bains. — *La Grotte des Fées* est située dans un escarpement, à l'Est de la baie de Grésine, commune de Brisons-Saint-Innocent. Les recherches du baron Despine ont fait découvrir des débris de poterie grossière et de poterie rouge à pâte fine, un ornement en bronze, une pierre à aiguiser, un polissoir et une rondelle en pierre percée.

Canton de Pont-de-Beauvoisin. — *Une Grotte*, commune de Verel-de-Montbel, fut fouillée par Perrin, qui rencontra des charbons et cendres en abondance, quelques éclats de silex et de poterie grossière.

Canton d'Yenne. — Dans *une Grotte* de la commune de Saint-Jean-de-Chevelu, en 1866, Finel recueillit des fragments de poterie romaine.

Une Grotte, située dans les carrières de La Balme, contenait une hache et un bracelet de bronze.

Arrondissement de Saint-Jean-de-Maurienne. — Canton de Saint-Michel. — *Trois Grottes,* presque inaccessibles aujourd'hui, se trouvent sur la commune de Saint-Martin-de-la-Porte. Une d'elles, explorée en 1879 par Vuillermet, lui a donné une hache polie en serpentine.

Canton de Modane. — *Un Abri* formé par un bloc erratique, près de Lontrez, au Nord-ouest de Modane, renfermait un foyer, six à huit belles lames de silex et un ciseau en jadéite.

Canton d'Aiguebelle. — *La Grotte d'Aiguebelle,* au-dessus des moulins, a donné à Gosse, des os humains, des fragments de poterie grossière et des os taillés.

HAUTE-SAVOIE

Arrondissement et canton d'Annecy. — La montagne de Veyrier, au bord du lac d'Annecy, renferme de très nombreuses grottes, dont le sol n'est recouvert que d'un léger dépôt terreux. Explorées par Serand et Revon, elles n'ont fourni, pour la plupart, que des fragments de poterie romaine ou d'époques plus récentes, et des restes de foyers difficiles à dater. Les principales sont : *La Bornale des Sarrasins, la Grotte Ogivale, la Grotte du Pré-Vernet, la Grotte du Chapeau-de-Gendarme, la Grotte de l'Ermite.*

Arrondissement de Saint-Julien. — Canton de Saint-Julien. — Dans un même groupe de rochers, au Mont-Salève, au-dessus de Coin, commune de Collonges-sous-Salève, s'ouvrent plusieurs grottes ; quelques-unes fouillées par Thioly ont été désignées par lui sous le nom de voûtes. *La Voûte-à-Pillet* a donné des fragments de poterie de l'Age du Bronze. *La Voûte aux-Bourdons* renfermait un énorme amas de débris de poterie grossière avec ornements faits au pouce, des morceaux de vases avec losange en lamelles d'étain, des meules plates, pierres à broyer, grains de collier en pierre, un ciseau en serpentine poli, des poinçons en os, une fusaïole en terre, et deux objets en bronze : un petit ciseau et un ardillon de fibule. *La Voûte à la Pierre-Plate* ne contenait que des débris de poterie grossière. *La Voûte-au-Serpent* a fourni une meule et un broyeur, de la poterie et des objets romains en bronze et fer.

Grasset, Revon et Thury ont fouillé les grottes suivantes : *La Grotte du Corps-de-Garde* qui ne renfermait que des morceaux de vases en terre. *La première Grotte du Sphinx* qui contenait un os travaillé, de la poterie brisée et des os humains de jeunes individus. *La deuxième Grotte du Sphinx* qui a donné des débris de poteries de divers âges, une sonde en bronze et un style en os romains.

Station de Bossey, *du Salève* ou *de Veirier*. — On désigne, sous ces différents noms, un groupe de grottes et d'abris formés par l'amoncellement de rochers éboulés au pied du Mont-Salève, sur les pentes qui confinent la frontière, en face du village suisse de Veirier, commune de Bossey. Cette station a été détruite par les travaux d'exploitation de la pierre. Signalés vers 1833, ces abris furent successivement explorés par F. Mayor, H. Gosse, Taillefer, Thioly, Thury, et, plus récemment, par E. Reber. Ils renfermaient des foyers franchement magdaléniens, avec de nombreux silex taillés, des lames, grattoirs, burins, poinçons; des aiguilles en os, des pointes de sagaie à base en biseau et des harpons arrondis à deux rangs de barbelures, en bois de renne, cinq bâtons de commandement, dont ceux ne portant aucune gravure. Le plus remarquable de ces bâtons, découvert par Thiolly, est orné d'un côté d'une longue branche garnie de feuilles et de l'autre d'un bouquetin. On a aussi recueilli un certain nombre de coquillages percés de deux trous.

Une Grotte de la commune de Vulbens, dans la montagne du Vuache, a été explorée par E. Tissot en 1881. Il trouva une point de flèche en silex et une épingle d'agrafe en bronze.

Les deux grottes de Savigny, dites *les Balmes*, dans la montagne du Vuache à Savigny, ont été visitées par F. Fenouillet. Un essai de fouilles, dans l'une d'elles, a fourni un fragment de hache polie, en quartz.

Canton de Reignier. — Dans *la Grotte de la Côte*, au Mont-Salève, commune de Monnetier-Mornex, on a trouvé, en 1872, une hache polie et un broyeur.

La Grotte des Faux Monnayeurs, au Pas de l'Echelle à Monnetier-Mornex, a été explorée par Thioly et Revon. Ils recueillirent de nombreux débris de vases de l'époque du bronze.

La Pierra Barmira est un bloc erratique formant abri situé près du chemin, entre les hameaux du Credo et de Porte, sur la commune de Scintrier. En 1871, de Magny et L. Revon y découvrirent des fragments de poterie et une spatule en os.

Arrondissement et canton de Thonon. — *Les Grottes de Mégevette*, dites *Grottes des Fées*, situées dans les rochers qui dominent la vallée de Mégevette, n'ont, pour la plupart, pas été fouillées, d'autres l'ont été très superficiellement. Une grotte a donné, d'après B. Reber, des foyers avec silex taillés et débris de poterie grossière. Dans une grotte, s'ouvrant au-dessus du hameau de la Culaz, on a rencontré des os humains et des débris de poterie.

Arrondissement de Bonneville. — Canton de La Roche. — *La Pierre d'Angeroux* est un rocher partagé en deux par une fissure de 2^m50 de large, situé près de La Roche. On y a découvert, à un mètre de profondeur, des bois de cerf et trois andouillers coupés pour en faire des emmanchures ; au-dessus, se trouvaient des cendres et plusieurs squelettes humains.

RHONE

Arrondissement de Villefranche. — Canton de Anse. — *La Grotte des Sarrazins* ou *la Sarazinière* est située au Sud-ouest de Morancé, au lieu dit la Ronze, dans un petit bois. Claudius Savoye y a recueilli des os humains, quelques silex taillés, une fusaïole en terre et des débris de poterie robenhausienne.

ISÈRE

Arrondissement de Grenoble. — Canton de Sassenage. — Dans une *Grotte des Balmes de Sentaire*, à Sassenage, L. Penet a découvert de nombreux os humains, des tessons de poterie grossière, des lames de silex et une hache polie.

La Grotte des Balmes de Fontaine, fouillée par H. Muller, contenait de nombreux foyers superposés. Les couches inférieures ont donné des os humains, haches polies, poinçons en os, silex taillés, entre autres de belles lames retouchées, dont trois en silex du Grand-Préssigny, et de la poterie robenhausienne brisée. Dans les couches supérieures il y avait des os humains, des objets en bronze et fer et des tessons de poterie romaine.

Une Grotte, dans la propriété de M. de Glos, a été fouillée par H. Muller, en 1904 et 1905. A la base, il trouva des lames, grat-

toirs et burins en silex, des aiguilles et des plaquettes en os, magdaléniens. Au-dessus, il y avait des silex et de la poterie robenhausiens et à la partie supérieure, des objets en bronze et en fer,
d'âges divers.

On rencontre de nombreux abris et grottes dans les escarpe-
ments des gorges d'Engins qui bordent la route d'Engins à Laus,
sur la rive droite du Furon. Un abri, situé à 200 mètres du moulin
Daviel, a donné à H. Muller et Flusin des traces de foyers, de
nombreuses lames, des éclats de taille, quelques grattoirs et trois
nucléus de silex. Il n'y avait aucun débris de poterie.

La Grotte des Sarrazins s'ouvre au pied de la Tour-sans-Venin,
à Pariset, au fond d'un petit vallon. H. Muller y a reconnu des
foyers avec tessons de poterie robenhausienne et de divers âges.

CANTON DE VOIRON. — Les rochers à parois verticales des Balmes
de la Buisse, entre ce village et Voreppe, contiennent un certain
nombre de grottes plus ou moins profondes. Plusieurs ont été
fouillées, d'autres ont été détruites par l'exploitation de la pierre.
Une petite Grotte fermée par une dalle fut découverte, vers 1841,
en exécutant des travaux pour la rectification de la route de Grenoble à Voiron. Le D\ :sup:`r` Charvet, Repellin et autres explorateurs
rencontrèrent de très nombreux os humains associés à de belles
lames, grattoirs et autres silex taillés, fragments de poterie, instruments en os et bois de cerf, robenhausiens, et un remarquable
croissant en jade poli percé d'un trou de suspension. *La Grotte de
l'Ermite* ou *de l'Ermitage*, à 35 mètres au-dessus de la route, a été
fouillée par A. Faure, puis par P. Fière. Elle contenait des foyers
robenhausiens avec poterie, lames de silex et bois de cerf travaillés. La *Grotte de Fontabert* est à 200 mètres de la précédente
et à 30 mètres au-dessus de la route. Les fouilles de P. Fière et
du comte de Galbert ont donné des os humains accompagnés de
pendeloques en os, pointes de flèche et de lance en silex, une
hache polie en fibrolithe et de nombreux morceaux de poterie. Le
croissant en jade, dont il est parlé plus haut, a été aussi signalé
comme trouvé dans cette grotte. *La Grotte du Trou-aux-Loups*,
à 200 mètres au-dessus de la plaine, a été aménagée à l'époque
gallo-romaine pour servir d'habitation. Les fouilles de H. Muller
ont donné des silex taillés, une hache polie, des poinçons en os
robenhausiens; des débris de poterie d'âges divers et d'objets en
fer et cuivre. *Une Grotte*, aux trois quarts vidée, explorée par
H. Muller, renfermait des os humains avec fragments de poterie,
pointes de flèche en silex, une perle en lignite et un poinçon
en os.

P. DE MORTILLET.

Arrondissement de la Tour-du-Pin. — CANTON DE CRÉMIEU.
— Les deux grottes de Béthenas sont situées au Nord et à quelques
minutes de la ville de Crémieu, l'une au-dessus de l'autre. Elles
ont été fouillées par Ernest Chantre. *La grotte de Béthenas supérieure* avait, à l'entrée, un dépôt de terre mélangée de cendres,
d'os brisés et de silex taillés, de 3 mètres de puissance. A un mètre
de profondeur, se trouvait un foyer magdalénien, des grattoirs,
burins, nucléus et éclats de silex, quelques poinçons, aiguilles et
autres objets en os et bois de cervidés. *La grotte de Béthenas
inférieure* renfermait des os humains et une belle lame de
silex.

La grotte de La Balme est au Nord-est du village de ce nom, à
un kilomètre du Rhône, rive gauche. L'entrée est formée d'une
voûte gigantesque sous laquelle une chapelle a été construite.
E. Chantre découvrit, à 3o mètres de l'ouverture, des foyers
magdaléniens avec lames, grattoirs, burins en silex, poinçons,
pointes de sagaie, aiguilles en os et en corne.

La Grotte de Tupaly, près de Chanelette, n'existe plus aujour-
d'hui. Elle a été explorée par E. Chantre, qui recueillit des os
humains et des tessons de poterie grossière. Près de là on trouva
des haches polies en pierre.

La Grotte de Brotel, à Saint-Baudille, s'ouvre dans le rocher
escarpé de la vallée d'Hyer que domine le château de Brotel.
E. Chantre y découvrit les os d'au moins trois individus, recou-
verts de cendres, et près d'eux, une vingtaine de lames et grattoirs
en silex.

CANTON DE MORESTEL. — *La Grotte de Creys* ou *des Crèsses*,
commune de Creys-et-Pusignieu, est à peu de distance du Rhône.
Costa de Beauregard y découvrit, en 1863, des os humains accompagnés de cinq silex taillés avec soin, trois poinçons et une perle
en os, et une grande quantité de débris de poterie à pâte grossière.

Arrondissement de Saint-Marcellin. — CANTON DE PONT-EN-
ROYANS. — Dans la *Grotte des Fées*, sur le flanc de la montagne,
au-dessus de Saint-Pierre-de-Chérenne, on a signalé d'anciens
foyers.

CANTON DE VINAY. — *La Grotte du Nant,* dans les gorges de ce
nom, à Cognin, renfermait une hache à bords droits, un poinçon,
un petit anneau très large et un fragment de bracelet torse, le tout

en bronze ; une scie à coches en silex, une perle et deux morceaux de vases en stéatite ; des monnaies et de la poterie romaines.

La Grotte de Rovon, détruite en 1882, a fourni des os humains.

ARDÈCHE

Arrondissement de Privas. — Canton de Bourg-Saint-Andéol. — *La Grotte du Figuier*, à 200 mètres de Sauze, commune de Saint-Martin-d'Ardèche, se voit au premier coude de l'Ardèche, rive gauche. Fouillée par Chiron et autres chercheurs, le dépôt contenait à la base des silex taillés moustériens ; au-dessus, une couche magdalénienne avec silex taillés, aiguilles et poinçons en os, bâton de commandement ; à la partie supérieure, foyers robenhausiens, débris de poterie, outils en silex, coquilles percées.

Un Abri, à mi-hauteur du plateau, commune de Saint-Martin-d'Ardèche, a donné au Dr P. Raymond de nombreux éclats de silex, rebuts de fabrication.

L'Abri du Ranc des Banostes, exploré par L. Chiron, renfermait des fragments de poterie, silex et os travaillés, robenhausiens.

Les Abris de Malpas, Combelonge, Vessigné, Colombier, Dame, Vierne, à Saint-Marcel-d'Ardèche, ont été fouillés par L. Chiron qui constata la présence de restes d'industrie robenhausienne.

Les Abris du Ranc des Aiguilles et *du Ranc de l'Arc* ont fourni, à L. Chiron, des débris de poterie, des silex et os taillés robenhausiens.

La Grotte du Thiouré est une cavité en forme de four, située près du hameau de Châmes et de la fontaine de Thiouré. L'entrée était fermée par une dalle ; à l'intérieur se trouvaient six squelettes humains.

Arrondissement de Largentières. — Canton de Joyeuse. — *La Grotte des Bouchets* est située au lieu dit de ce nom, à Beaulieu. Elle fut fouillée, en 1906 et 1907, par le Dr Jullien et H. Muller, qui découvrirent les squelettes de sept à huit individus, accompagnés d'une hache polie en jadéite, un grattoir et quelques éclats de silex, des andouillers de cervidés travaillés, un poinçon en os et une pendeloque en corne.

Une Grotte fermée par un mur, située à Chandolas, fut découverte par un paysan qui labourait une vigne. Près de l'entrée il y avait cinq squelettes humains.

Un Abri, sur la rive gauche de la Beaune, à Vernon, a été découvert, en 1909, par le Dr Jullien. Il n'a donné que des silex taillés de formes peu caractéristiques, probablement néolithiques.

Canton des Vans. — Dans *la Grotte de Barres*, près de Casteljau, de Malbos trouva des débris de poterie.

La Grotte de la Guẓasse, Gluẓasse ou *Gleiẓasse* est située dans les bois de Paoilive, à Chassagnes. De Malbos y recueillit des silex et os taillés robenhausiens et de la poterie. L'abbé Ronchier y a signalé des os humains associés à des tessons de poterie grossière.

La Grotte de Tastevin, commune de Chassagnes, a donné à de Malbos un squelette humain et de la poterie néolithique.

Dans *une Grotte*, près de Berrias, on a découvert, vers 1849, trois fragments d'objets en os, un petit anneau de jade, une agate façonnée en forme de cœur, un anneau en plomb et des ossements.

La Grotte du Nègre, aux Chambons, ne contenait que des débris de poterie.

La Grotte de la Denaille-de-Boissin contenait des squelettes humains et de la poterie primitive.

Dans *la Grotte de la Padelle*, sur les bords du Chassezac à 8 kil. des Vans, de Malbos découvrit des silex taillés robenhausiens, au milieu de reste de foyer.

Canton de Vallon. — *La Grotte* ou *Baume de Louoï* est à 2 kil. à l'Est de Vallon, sur les bords de l'Ibie. Elle fut d'abord fouillée par Ollier de Marichard, qui recueillit des pointes de flèche en silex, deux haches polies, des marteaux et gaines de hache en corne de cerf, des poinçons et lissoirs en os, une meule, des fusaïoles et des débris de poterie, associés à des os humains. En 1884, l'exploitation des terres phosphatées donnèrent de jolis instruments en silex robenhausiens. Vers l'ouverture primitive obstruée par des éboulis, on découvrit 286 objets de bronze, renfermés dans un vase en terre.

La Grotte du Dérocs se trouve à 800 mètres environ de la précédente, au sommet des rochers qui couronnent la vallée de l'Ibie. Ollier de Marichard trouva, dans la première salle, un foyer de 2 mètres carrés entouré d'une grossière construction, avec fragments de poterie, lames, scies et autres outils en silex et poinçons en os robenhausiens. Cette grotte a aussi donné des os humains, trois urnes en terre mal cuite, l'une contenant des pendeloques, treize bracelets de bronze et un bracelet en bois noir, plus de cent cinquante perles en bronze, cent soixante-dix anneaux de formes et grandeurs diverses, et une dent de grand ours percée.

La Grotte de la Coulière, fouillée par Ollier de Marichard, contenait des poteries brisées et des silex robenhausiens.

La Grotte du Colombier ou *du Temple* a servi d'asile aux protestants. Quelques débris de poterie et des os taillés ont été récoltés dans la stalagmite par Ollier de Marichard.

La Grotte de Cayre-Creyt, à 2 kil. 500 mètres au Sud de Vallon sur le chemin du Pont d'Arc, a servi de refuge lors des guerres de religions. Explorée par Ollier de Marichard, elle n'a donné qu'une épingle et un bouton de bronze, quelques objets en fer et des tessons de poterie vernie.

La Grotte de Chaumadou ou *du Chaumoir*, à 2 kil. de la précédente, au sommet de rochers à pic dominant la vallée de l'Arc, se compose de deux cavités. L'une claire, fouillée par Ollier de Marichard, contenait un dépôt de 2^m50 à 3 mètres de cendres, débris de poterie, fusaïoles en terre cuite, silex taillés robenhausiens et quelques os humains. Sous cette couche furent trouvées quelques belles pointes solutréennes en feuille de laurier et un coup-de-poing acheuléen. L'autre cavité qui est obscure ne renfermait que de la poterie grossière.

La Grotte de la Vache ou *de la Vacheresse* est à 300 mètres de la Grotte de Chaumadou. Ollier de Marichard y recueillit des débris de poterie grossière, des lames, grattoirs et pointes de flèche en silex, une hache polie en serpentine et des instruments en bois de cerf. Dans une anfractuosité gisait un squelette humain.

La Grotte de la Chaire, sur la rive droite et à 2 kil. de Vallon, était fermée par un mur. Elle a servi de refuge aux protestants, aussi Ollier de Marichard ne constata que sur les parois des restes de brèche osseuse avec fragments de poterie grossière.

La Grotte d'Ebbou ou *du Château d'Ebbou* est située sur la rive droite de l'Ardèche, au-dessous du château, à La Bastide-de-Virac. L'entrée était primitivement fermée par un mur. Ollier de Marichard découvrit, dans l'intérieur, des anneaux et des bracelets de bronze, des armes de fer, des morceaux de poterie et un miroir de forme étrusque. Ces divers objets peuvent se rapporter à la fin de l'époque hallstattienne.

Un Abri situé près de la Grotte dite Puits ou Aven de Ronze, dans les bois du village d'Orgnac, fouillé par le Dr P. Raymond, contenait des foyers avec débris de poterie, lissoirs en os, nombreux éclats et outils en silex robenhausiens, généralement cassés.

Dans *la Grotte de Grena*, à Ruoms, Ollier de Marichard n'a trouvé que des fragments de poterie très fine.

Arrondissement de Tournon. — Canton de Saint-Péray. — *Les Grottes de la Goule* se trouvent dans la paroi exposée au Sud du ravin de la Goule, à 2 kil. de Cornas, commune de Chateaubourg. La première salle de la grotte principale a été détruite par l'exploitation de la pierre. Dans la seconde, les fouilles de Lepic et J. de Lubac ne donnèrent qu'un os humain et un silex taillé. Dans la commune de Soyons, le long du Rhône, se trouvent de nombreuses grottes : *La Grotte de Néron*, fouillée par Lepic, contenait, vers l'entrée, deux foyers très vastes superposés, avec de très nombreux instruments moustériens en silex, en quartz et calcaire siliceux, et quelques coups-de-poing acheuléens. Il y avait aussi de rares os humains. *La Grotte des Enfants* est située à quelques mètres au Nord de la précédente. Lepic et de Lubac y découvrirent de nombreux os humains, quelques silex taillés, et des poteries robenhausiennes et d'époques plus récentes. *Les Grottes de la Double Borne* se voient à 6 ou 7 mètres au-dessous des précédentes, tout à côté l'une de l'autre. Elles ont été explorées par Lepic et de Lubac. L'une, dite *Trou du Renard*, a donné un foyer avec silex moustériens, des débris de poterie grossière et un anneau en bronze. L'autre, dite *Trou du Mouton*, renfermait des sépultures avec poteries gallo-romaines et trois monnaies de Septime-Sévère, et au-dessous des squelettes humains avec fragments de poterie grossière, un poinçon en os et des silex robenhausiens. *Les Grottes*, dites *Trous Roland*, se trouvent à 5 mètres et juste au-dessous de la plate-forme des grottes précédentes. Dans deux de ces grottes, fouillées par Lepic et de Lubac, se trouvaient des silex moustériens, et vers l'entrée, de nombreux os humains.

DROME

Les Grottes de la Drôme ont été peu explorées, Roger Valentin, dans son Répertoire, publié en 1878, en a signalé un certain nombre qui serait intéressant de fouiller.

Arrondissement de Dié. — *Les abris de Bobache* sont situés au pied des rochers, sur la rive droite du Vernoison, au-dessus de la route de Saint-Martin-en-Vercors, aux Grands-Goulets. H. Muller y a découvert des restes de foyers et des silex taillés paléolithiques, parmi lesquels des grattoirs simples et doubles, des lames, quelques-unes retouchées sur une seule face.

Arrondissement de Montélimar. — Canton de Grignan. — Dans *une Grotte*, au quartier de Bois à Chantemerle, explorée par le Dr Delisle, se trouvaient de nombreux os humains, sans objet d'industrie.

Arrondissement et canton de Nyons. — La Grotte des Sarrazins, à Mirabel, a été vidée pour amender les terres. Son sol renfermait des os humains, pointes de flèche, scies et lames de silex et grains de collier en stéatite.

GARD

Arrondissement de Nîmes. — Canton de Sommières. — *La Grotte de la Roque d'Aubais* se trouve dans les abrupts de la rive gauche du Vidourle, commune d'Aubais. Les fouilles du Dr Marignan, en 1888, donnèrent de la poterie et des silex taillés robenhausiens, et quelques os humains.

La Grotte de Pondres, à Villevieille, fut découverte en ouvrant une carrière. Emilien Dumas, en 1820, constata à la partie supérieure du dépôt la présence de poteries brisées, lames de silex, hache polie et os humains, et, dans les parties profondes d'os d'animaux quaternaires. D'après de Christol, qui fit des recherches dans ce gisement en 1829, les débris de poterie et les os humains et d'animaux étaient mêlés à tous les niveaux.

La Grotte de Souvignargues est à 2 kil. de la précédente. E. Dumas et de Christol, en 1829, ne rencontrèrent dans leurs fouilles que quelques os humains et des débris de poterie grossière.

Arrondissement d'Alais. — Canton d'Alais. — *La Grotte de Rousson* s'ouvre entre les forges de Tamaris et la rive droite de l'Auzonnet, en face du village des Mages. G. Charvet y a trouvé de très nombreux os humains, un crâne trépané, une belle pointe de lance en silex, plus de cent perles en test de coquille et huit en matières diverses, des débris de poterie, quelques perles et une épingle en bronze.

Canton de Barjac. — *La Grotte de Tharaux* a donné à Mazauric des débris de poterie grossière.

Une petite Grotte, à l'Est du Mas Madier, à Méjannes-le-Clap, renfermait des sépultures de l'Age du Bronze.

Canton de Saint-Ambroix. — *La Grotte des Buissières*, dite aussi *de Meyrannes*, sur les bords de la Cèze près du pont de Gammal, à Meyrannes, a été découverte par des ouvriers qui exploitaient une carrière. Fouillée par Thomas et par les membres du Groupe spéléo-archéologique d'Uzès, elle contenait, vers l'entrée primitive, des débris de poterie, des lames de silex finement retouchées, des éclats, nucléus, percuteurs, hache polie en roche serpentineuse, nombreux broyeurs et meules, deux polissoirs, des lissoirs et pendeloques en os. Dans les parties profondes de la grotte on découvrit de nombreux squelettes humains et auprès quatre-vingt bracelets de divers modèles, tous ouverts, des bagues en spirale, des perles, des pendeloques et une lame de poignard, le tout en bronze de l'époque morgienne.

Les trois Grottes de Pavan ou *du Bouquet*, commune de ce nom, s'ouvrent à l'Est du village. A. Jeanjean, qui les a explorées, a trouvé dans la première un poinçon en os et de la poterie ; dans la deuxième des traces de foyers anciens et quelques fragments de poterie ; dans la troisième un silex taillé et de la poterie brisée.

La Grotte de Rédollet, dans la forêt communale de Navacelles contenait des débris de poterie grossière.

Canton de Saint-Jean-du-Gard. — Les montagnes des environs de Mialet renferment plusieurs cavités souterraines. Quelques-unes comme *la Grotte de Trabuc* très profonde, *la Grotte de Pongny*, *la Grotte Combet*, fouillées plus ou moins superficiellement, n'ont rien fourni d'intéressant pour la paléthnologie. *La Grotte du Fort* est ouverte dans un rocher à pic, à 400 mètres en amont de Mialet. Des fouilles y furent faites par Julien et Buchez en 1826, puis par de Serres et E. Dumas, enfin par A. Jeanjean ; elles donnèrent des tessons de poterie grossière, et, près de l'entrée, deux squelettes humains d'âge indéterminé.

CANTON DE VÉZÈNOBRES. — Dans la montagne de Serre-du-Bouquet se rencontrent de nombreuses grottes. *La Grande-Baume* est située au pied de la montagne, au milieu de la forêt de Brouzet-lès-Alais. A. Jeanjean a découvert, dans le fond, des os humains, et vers l'entrée, un silex taillé et quelques fragments de poterie. *L'Aven à Trois-Gorges*, près de la précédente, est très profonde. A 2 mètres à droite existe une petite grotte, qui a donné à Jeanjean des tessons de poterie. *La Grotte de la Curiosité* a donné à Jeanjean des os humains et de petits fragments de poterie.

Dans *la Grotte de Seynes,* au Nord de ce village, A. Jeanjean, en 1868, a constaté la présence de beaucoup d'os humains, d'une lame et un bout de lance en silex, d'un caillou de quartz percé, et de nombreux débris de poterie avec ornements variés.

Arrondissement d'Uzès. — CANTON D'UZÈS. — *La Grotte de Saint-Vérédème* se trouve près du moulin de la Baume, rive gauche du Gardon, à Savilhac-et-Sagriès. Visitée par divers explorateurs, elle a fourni de nombreux débris de poterie néolithique, une fusaïole et une cuillère en terre cuite, des haches polies, des lames, percuteurs et nucléus en silex, des poinçons, lissoirs et boutons en os, des pesons de filet, meules et broyeurs, des os humains et une rondelle cranienne.

L'abri de Ro de Boulo, au Sud de Sagriès, renfermait de la poterie et des silex taillés robenhausiens, quinze haches polies et une meule.

Une Grotte, dans le voisinage de la précédente, a donné à Delort des débris de poterie très ornée et des grattoirs en silex.

CANTON DE BAGNOLS-SUR-CÈZE. — *La Grotte de Pujault* ou *de Tresques* est située dans le domaine du château et sur la commune de Tresques. Les fouilles de H. Nicolas, interrompues à la suite d'un éboulement, ont donné des os humains, un très grand nombre de tessons de poteries de différents âges, quelques silex taillés mal définis et un os travaillé.

CANTON DE PONT-SAINT-ESPRIT. — *La Grotte de Jeanneton* ou d'*Aiguèze* est à 2 kil. de ce village, rive droite de l'Ardèche. Le D^r

P. Raymond y a trouvé des squelettes humains, des débris de poterie grossière et de poterie assez fine, et une douzaine d'éclats de silex.

La Grotte de Château-Vieux, dans la paroi Est du promontoire de Château-Vieux, et *la Grotte des Ecus* ou *des Faux-Monnayeurs*, dans la paroi Ouest, ont donné au Dr P. Raymond, des fragments de poterie néolithique.

La Grotte des Dragées est située à 5oo mètres en amont de la grotte des Écus. Le Dr P. Raymond y a recueilli, à o^m6o de profondeur, des débris de poterie, une lame de silex et une hache polie.

La Grotte du Figuier, sur les bords du Gardon, à 3oo mètres en amont et à droite du Pont-Saint-Nicolas-de-Campagnac, fut fouillée par le Groupe spéléo-archéologique d'Uzès, en 1go3. On mit à jour de nombreux fragments de poterie, une flèche en silex, quatre fusaïoles, huit poinçons en os, quatre haches polies, six perles en os, deux coquilles et quatre canines percées, des lames, grattoirs et éclats de silex nombreux et des os humains.

La Grotte de Jean-Louis ou *du Chabot* est à 1.5oo mètres en amont d'Aiguèze, rive droite de l'Ardèche. Elle fut fouillée, en 1878 et 1879, par Chiron, qui signala de nombreuses lignes gravées sur les parois à droite et à gauche de l'entrée. Le sol renfermait des instruments en silex solutréens et magdaléniens.

La Grotte d'Oullins, sur la rive droite de l'Ardèche, au Garn, à la limite des départements du Gard et de l'Ardèche, a été aussi désignée sous le nom de *Grotte de Doulens*, à Orgnac (Ardèche). Chiron découvrit, vers l'entrée, des foyers néolithiques avec débris de poterie, meule et broyeurs, et vers le fond de la grotte, une couche magdalénienne avec de nombreux grattoirs, burins, lames retouchées ou non et autres silex taillés.

La Grotte de la Bruge se trouve sur la commune de Saint-André-de-Roquepertuis. Les fouilles faites à l'entrée, par le Dr P. Raymond, n'ont rien donné.

La Grotte de Prével, en amont et près de Montclus, rive gauche de la Cèze, n'a donné que des débris de poteries d'âges divers.

Canton de Remoulins. — *La Grotte de Sartanette* s'ouvre dans la combe de la Couasse, à Remoulins. Cazalis de Fondouce y a trouvé, en 1871, des haches polies, des poinçons en os, de la poterie brisée et un petit objet en bronze.

La Grotte du Taï (Blaireau), à 200 mètres au Sud de la précédente, a fourni au Groupe archéologique d'Uzès deux haches polies, des lames, grattoirs, pointes de flèche en silex, des poteries des diverses époques et des os humains.

Les sept grottes suivantes sont situées sur la commune de Collias : *La Grotte de Pâques*, rive gauche du Gardon, contenait à la surface des objets gallo-romains, et au-dessous une couche robenhausienne avec poterie, fusaïoles, perles, coquilles percées et grattoirs en silex. Dans *la Grotte des Filles* ou *des Sœurs*, rive gauche du Gardon, Mazauric a recueilli de la poterie néolithique. *La Baume Raymonde*, rive gauche du Gardon, a donné beaucoup de débris de poterie, quelques silex taillés, des haches polies, des meules et broyeurs, un poinçon et deux aiguilles à chas, en os. *La Baume Granier*, rive droite du Gardon, a livré au Dr P. Raymond un squelette humain, des éclats de silex et des tessons de poteries néolithique et romaine. *La Grotte du Prieux* et *une Grotte* sans nom n'ont fourni que des débris de poterie. *La Grotte de l'Abbé Dorthes* ou de l'*Ermitage*, fouillée par Mazauric, contenait de la poterie mérovingienne et un poinçon en os.

Sur la commune de Vers, se trouvent les six grottes suivantes : *une Grotte* située sur la rive droite du Gardon, à côté du Pont-du-Gard, a été murée depuis fort longtemps. Cazalis de Fondouce y découvrit, en 1871, de nombreux silex taillés magdaléniens, des instruments divers en os et bois de renne, des harpons, deux têtes de bouquetin gravées sur un os, un mortier en pierre, et, à la surface du sol des objets robenhausiens. *La Grotte de la Balauzière* est à 800 mètres du Pont-du-Gard, rive gauche du Gardon. Caldéron et Lajard y ont trouvé des os humains, de la poterie et des silex néolithiques. *La Grotte des Bohémiens*, tout près du Pont-du-Gard, n'a donné que des fragments de poterie. *Les deux Grottes*, qui se trouvent dans la propriété du château de Saint-Privat, en amont du Pont-du-Gard, rive droite, renfermaient des restes d'industrie robenhausienne. *La fissure de Saint-Privat* est creusée dans le calcaire, dans les dépendances du château de ce nom. Découverte en 1871, elle contenait quatre squelettes humains et deux lames de silex.

Plusieurs Abris se voient dans le ravin, au Nord-ouest de la ferme de la Monedière. Un de ces abris, appelé *Grotte de Rogue*, fouillé par le Dr P. Raymond, contenait quelques silex taillés et de la poterie néolithiques. Les recherches faites dans deux autres abris n'ont pas donné de résultat.

CANTON DE ROQUEMAURE. — *L'Abri du Balloir* ou *des Cantonniers*, sur le bord de la route n° 43, à Roquemaure, fut vidée par les cantonniers, vers 1876. L. Granet y recueillit des lames et grattoirs magdaléniens.

Nicolas a signalé cinquante-quatre grottes dans les flancs de la colline de Roquemaure, sur une longueur de près de 5 kil., depuis le pied de la falaise jusqu'au sommet, sur la commune de Saint-Geniès-de-Comolas. Il en a visité une cinquantaine, auxquelles il a donné un numéro d'ordre et fouillé quelques-unes. *La Grotte des Blocs n° 41* renfermait plus de neuf cents rondelles percées en test de coquille, deux pendeloques, un grattoir en silex et de très nombreux débris de poterie. *La Grotte n° 46* contenait les squelettes d'une trentaine d'individus associés à une lame de silex fine, taillée en pointe, vingt-cinq pointes de flèche en silex et de la poterie brisée. *La Grotte du Crâne-Noir* renfermait un foyer robenhausien, des os humains, des scories, une tige et une perle en cuivre.

Les trois Grottes de Lirac, à 2 kil. de ce village, ont été fouillées par G. Abrieu. La première, dite *Grotte de Cabias*, contenait des os humains et de la poterie grossière. La deuxième contenait des os humains. Dans la troisième, explorée superficiellement, se trouvaient des silex taillés, des polissoirs et meules et de la poterie.

CANTON DE SAINT-CHAPTES. — *La Grotte de la Calmette* est au Sud de la route de Dions à la Calmette. Le sol remanié anciennement n'a donné, à Mazauric, que des fragments de poterie et un silex taillé.

Les sept grottes suivantes se trouvent sur la commune de Sainte-Anastasie. *La Grotte* ou *Baume de Latrône*, rive gauche du Gardon, fut explorée par le général Pothier, R. Deleuze, le frère Sallustien, etc. On y a rencontré des foyers avec industrie robenhausienne en silex et en os, quelques haches polies et de la poterie, et deux lames de poignard en bronze. *La Grotte* ou *Baume de la Citerne* est un long couloir qui communique, d'après Mazauric, avec la grotte de Latrône. Elle contient de nombreux tessons de poterie néolithique et plus récente. *La Grotte d'En-Quissé* se voit à 500 mètres en aval de Russan, rive gauche du Gardon. Les fouilles de Laval, en 1906, donnèrent des os humains, une hache polie, une pointe de flèche en silex; une aiguille en bronze et un vase en terre orné. Dans une petite salle du fond, on découvrit, au milieu d'os humains, une hachette percée, deux perles en os, et une douille de lance, une bague, un bracelet, une épingle et deux cent cinquante-six perles en bronze. *La Grotte Nicolas*, très près de la précédente, a été fouillée par le Groupe d'Uzès. On découvrit une hache à bords droits en bronze et un ciseau en cuivre, et, au milieu d'os humains et de fragments de poterie, de nombreux objets robenhausiens en pierre et os. *La Grotte de Saint-Joseph*, rive gauche du Gardon, a été explorée par les Frères d'Uzès, qui trouvèrent des outils et armes en pierre et os néolithiques et des os humains. Dans la *Grotte du Sureau*, située à l'Est du promontoire de Castelviel, le Dr P. Raymond a recueilli des restes gallo-romains et de très nombreux débris de poterie néolithique. *La Grotte du Crapaud* se trouve à 100 mètres en aval de la précédente. Dans le sol remanié on a trouvé des éclats de silex et des poteries brisées néolithiques. *La Grotte* dite *Baume Longue* est située sur les bords du Gardon, près de Dions. Les fouilles du Groupe d'Uzès ont fait découvrir des os humains, des objets néolithiques et vingt-trois bracelets en bronze, très minces, ornés de chevrons. *La Grotte de l'Espéluque*, commune de Dions, a été explorée sans résultat par Mazauric et Cabanès.

Canton de Villeneuve-lès-Avignon. — *La Grotte de Pujaut*, au bord de l'étang desséché de Pujaut, a donné à H. Nicolas des fragments de poterie et des éclats de silex.

La Grotte de Saze a fourni à H. Nicolas des os humains, des objets en corne et en os robenhausiens et de la poterie.

Dans *la Grotte François*, située au Nord de la précédente, H. Nicolas a découvert de nombreux tessons de poterie et deux morceaux de bronze d'époque indéterminée.

La Grotte des Issards ou *du Calas*, aux Angles, n'a fourni que des fragments de poterie gallo-romaine et une corne de cervidé.

Canton de Bagnols-sur-Cèze. — *La Grotte de Saint-Etienne-des-Sorts*, dans les rochers au-dessus du village, a été visitée par H. Nicolas, qui recueillit des restes d'industrie robenhausienne.

Canton de Lussan. — Plusieurs grottes existent dans le ravin d'Aiguillon, près de Lussan. Dans *une Grotte*, située à côté du hameau de La Lèque, Ulysse Dumas a trouvé des fragments de poterie néolithique. Le Dr P. Raymond a récolté des poteries du même âge dans la *Grotte d'Ernest*. Les fouilles faites dans les *Grottes de Lourtel*, *du Mau-Pas* et *des Bœufs*, sur la rive gauche du ravin, n'ont donné aucun vestige préhistorique.

Arrondissement Le Vigan. — Canton Le Vigan. — *La Grotte de Goulsou,* à Avèze, a donné à Jeanjean des os humains et des tessons de poterie.

La Grotte de Véʒenobre, près d'Avèze, contenait, d'après Jeanjean, des fragments de poterie et un silex taillé.

La Grotte de Montaren, près de Bréau, traversée par de grands courants d'eau à l'époque des pluies, a fourni cependant à Jeanjean des os humains et des morceaux de poterie.

Canton de Quissac. — *La Grotte du Vieux-Château* est à 1 kil. de Bragassorgues. P. de Pellet y a trouvé des débris de poterie noire.

La Grotte des Demoiselles, à Lioux, fut fouillée par Jeanjean puis par Mazauric. Elle renfermait des foyers et des débris considérables de poteries grossière, gallo-romaine et plus récente. Dans le fond, il y avait des sépultures robenhausiennes.

Canton de Saint-Hippolyte-du-Fort. — Les six grottes suivantes se trouvent sur la commune de Saint-Hippolyte. *Les deux Grottes de Paradon* s'ouvrent dans les rochers de ce nom. L'une, fouillée par L. Carteirac, contenait des squelettes humains couchés sur des pierres plates, et une grande quantité d'os humains rangés par petits tas. La couche supérieure du dépôt renfermait huit pointes de lances en silex, deux haches polies, des instruments en os, cinquante perles en aragonite et en calcédoine. trente-huit canines de renard percées et des fragments de poterie. La couche inférieure a donné des grattoirs, lames et poinçons en silex et quartzite paléolithiques. *La Grotte de la Fournarié* est située au-dessus du domaine de ce nom. La seconde salle fouillée par Jeanjean a donné des os humains, de la poterie grossière, une scie et quelques silex taillés. *La Grotte Haute de la Fournarié,* dans la falaise qui borde, au Nord, le pic de Roquedalais, rut découverte par Carteirac, et, fouillée par lui et le lieutenant Gimon, en 1906 et 1907. Ils mirent à jour de nombreux os humains, huit haches polies dont trois avec trou de suspension, des perles et pendeloques en pierre et os, un poignard et quatorze pointes de flèche en silex, plusieurs poinçons en os et trois objets en bronze. Les débris de poterie étaient rares. Dans *la Grotte de Labry,* près de la gare de Saint-Hippolyte, Jeanjean a recueilli, au milieu d'os humains, des lames et des pointes de flèche en silex, deux perles et un poignard en bronze. *La Grotte de l'Esprit,* au domaine de ce nom, a fourni à Jeanjean des os humains, de la poterie grossière, deux pointes de lance, des scies et autres silex taillés.

Les quatre grottes suivantes sont sur la commune de Conqueyrac. *La Grotte de Banière*, au-dessus de Saint-Hippolyte, a donné à Jeanjean des pointes de flèche et de lance en silex, et trois perles en bronze associées à des os humains nombreux. *La Grotte de la Roquette*, à côté du manoir de ce nom, a été fouillée à plusieurs reprises par Jeanjean, qui découvrit des silex grossièrement taillés, beaucoup de débris de poterie, une pointe de lance en bronze, et une plaque de schiste avec ornements gravés en creux. *La Grotte du Vieux Château* est située près de la précédente. Dans l'intérieur, Jeanjean trouva des os humains et de la poterie grossière. *La Grotte de la Polerie*, au même niveau et à 200 mètres de la grotte de la Roquette, a donné à Jeanjean des tessons de poterie grossière.

Dans la commune de La Cadière nous signalerons les dix grottes suivantes: *La Grotte des Mamelles* et *la Grotte Fleurie*, situées près de la source qui alimente la fontaine de La Cadière, contenaient, d'après Jeanjean, des fragments de poterie. *La Grotte de Vesson* se trouve sur le revers de la montagne des Cagnasses. Les recherches de Jeanjean lui ont procuré des outils en silex et des poinçons en os néolithiques. Mazauric y a recueilli une moitié d'anneau en bronze, et, dans une cavité située au-dessous, des os humains, une hache polie et des silex taillés. *La Grotte des Porcs* est au même niveau et à 60 mètres de la précédente. Jeanjean y trouva des tessons de poterie. *Une petite Grotte*, située entre les deux précédentes, a donné à P. Camichel des os humains associés à des perles et pendeloques, une plaque de schiste percée, divers silex taillés, une hache polie, des lissoirs en os, une perle en bronze, et des tessons de poterie. *Les trois Grottes des Chèvres*, au sommet du bois de ce nom, explorées par Jeanjean, renfermaient des fragments de poterie grossière et des éclats de silex. *La Grotte de Grâce* s'ouvre au sommet du monticule qui fait suite au pic du Midi. On y a trouvé des os humains et de la poterie grossière. *La Grotte de Puechagut*, à 40 mètres au-dessous de la précédente, renfermait de nombreux tessons de poterie et des silex taillés robenhausiens.

La Grotte du Salpêtre est située à 3 kilomètres de Pompignan, sur la crête de la montagne du Causse. Jeanjean y a découvert deux haches polies, de la poterie et des outils et pendeloques en os.

Canton de Sauve. — Les sept grottes décrites ci-dessous sont sur la commune de Sauve. *La Grotte de Noguier*, à 600 mètres de Sauve, a été explorée sans résultat. *La Grotte de Dieuregard* est à 400 mètres en amont du Pont de Tarieu. Jeanjean et Dufour y ont récolté chacun une hache polie et des débris de poterie. *La Grotte du Salpêtre*, située dans les rochers du plateau de Coutach, à 7 kil. de Sauve, dans laquelle on avait signalé jadis des instruments en silex et en os néolithiques, a été fouillée récemment par P. Faucher et le lieutenant Gimon. Ils découvrirent de très nombreux os humains, des poinçons en os, des pointes de lance, de javelot et des poignards en silex, des dents d'animaux percées, et des poteries grossières brisées. *La Grotte d'Esplèche*, au quartier de ce nom, contenait, d'après Jeanjean, des os humains, de la poterie et un andouiller de cerf coupé. *Les deux Grottes de Mus* se trouvent sur les confins de la commune de Sauve, du côté de Durfort. Explorées par Jeanjean, l'une renfermait des os humains, des silex taillés et quelques débris de poterie, l'autre que des restes de poterie. *La Grotte de Bergeron*, à 800 mètres du château de Puechredon, n'a fourni que des tessons de poterie grossière.

La Grotte de Durfort ou *Baume des Morts* est à 2 kil de Durfort, au sommet du versant Nord de la montagne de la Coste. Les fouilles commencées par H. Teissier, en 1868, furent continuées après sa mort par Cazalis de Fondouce et Ollier de Marichard. Ils trouvèrent d'abondants os humains associés à des pointes de lance et de flèche, des scies et autres silex taillés, des poinçons et ciseaux en os, des pendeloques dont trente en calcaire, beaucoup de dents d'animaux percées, deux cents rondelles calcaires et près de trois mille rondelles en pierre verte percées, vingt-cinq perles et un poinçon en bronze ou cuivre. Les débris de poterie étaient rares.

Canton de Sumène. — Les quatre grottes suivantes sont sur la commune de Sumène : *Les deux grottes des Fées*, rive gauche du Rieutort, explorées par Jeanjean, renfermaient des tessons de poterie grossière. *La Grotte des Camisards*, dans le même flanc de la montagne que les précédentes, a donné à Jeanjean, en 1867, une pointe de flèche en silex, des poinçons en os et de la poterie. *La Grotte Close*, sur la même montagne, mais plus éloignée de Sumène, en partie explorée, n'a livré que de nombreux débris de poterie.

La Grotte des Camisards, à Saint-Laurent-le-Minier, ne contenait, d'après Jeanjean, que quelques fragments de poterie et un silex.

La Grotte de la Salpêtrière, en face de la précédente, renfermait des os et silex taillés et des fragments de poterie.

Canton de Trèves. — *La Grotte du Luc* et *la Grottte du Puech-Buisson*, dans les rochers qui dominent le château d'Epinassous, *la Baume de Saint-Firmin* et *une Grotte* située au-dessous, toutes quatre sur la commune de Trèves, explorées superficiellement n'ont fourni que des tessons de poterie néolithique.

La Grotte Obscure, au hameau de Randavel commune de Lanuéjols, contenait des squelettes humains avec débris de poterie, poinçons en os et canine de sanglier percée.

VAUCLUSE

Arrondissement d'Apt. — Canton de Bonnieux. — *La Grotte des Pierres-à-feu (Baoumo dei Peyrards)* est située sur la commune de Buoux, dans la vallée où coule le torrent d'Aiguebrun. Anciennement, E. Arnaud y avait recueilli de très nombreux silex moustériens ; pointes à main, racloirs, disques, etc. Marc Deydier et F. Lazard ont complètement fouillé cette grotte en 1901. Ils rencontrèrent, dans les deux couches inférieures, des foyers avec industrie moustérienne.

Dans la *Grotte de Buoux*, non loin de la précédente à 1.100 mètres du village. Jullian découvrit onze squelettes humains, des silex et os taillés et de la poterie robenhausienne.

Sous *un Abri* de la vallée de la Durance, H. Nicolas a constaté la présence de squelettes humains, de haches polies et de fragments de poterie.

Entre les villages de Mérindol et de Cheval-Blanc, dans le vallon de Régalon, se voient à droite et à gauche des grottes et abris. *L'Abri du Père-Jacques* situé à l'entrée de la gorge, *l'Abri* dit *Salle de Lucien* et *l'Abri* dit *Baume du Luce*, à l'extrémité Nord du vallon, ont été explorés par Ch. Cotte. Ils renfermaient des fragments de poterie et des éclats de silex.

Canton de Pertuis. — *Quelques Abris* en parties écroulés, très pauvres en vestiges préhistoriques, ont été signalés par Ch. Cotte, près de La Bastidonne.

Canton de Gardes. — *La Grotte de la Barre de Bérigoure*, au Nord de Murs, a donné des débris de poterie néolithique.

Arrondissement de Carpentras. — CANTON DE SAULT. — Il y a de nombreux abris et grottes dans les rochers de la Nesque, partie méridionale du Mont-Ventoux. *L'abri du Bau de l'Aubesier* est situé près de Sault, commune de Monieux, sur la rive gauche de la Nesque. F. Moulin y découvrit, en 1903, une couche moustérienne avec lames, racloirs et surtout pointes à main. *La Grotte du Castellaras,* à Monieux, contenait des fragments de poterie, des haches polies, des silex, des poinçons et aiguilles en os néolithiques.

La Grotte de Canaud ou *des Toureaux,* commune de Bédoin, domine l'étroite combe de Canaud. Victor Villon, en 1885, recueillit des os humains et de la poterie grossière.

D'autres grottes et abris non fouillés ont été signalés dans les mêmes parages, par Deydier.

Arrondissement d'Orange. — CANTON D'ORANGE. — Sous *des Abris* à Piolenc, H. Nicolas découvrit de nombreux os humains associés à des pointes de flèche et de la poterie. *Un abri*, à la ferme de Saint-Estève, près de Sérignan, a fourni des os humains.

CANTON DE MALAUCÈNE. — *La Grotte de la Masque*, dans la vallée de l'Ouvèze, à Entrechaux, renfermait, d'après H. Nicolas, des os humains, des pointes de flèche et de javelot, une hache polie et des tessons de poterie. Dans la salle du fond se trouvaient des silex moustériens.

Plusieurs Abris, situés en aval de la grotte précédente, contenaient, suivant H. Nicolas, de nombreux silex taillés.

HAUTES-ALPES

Arrondissement d'Embrun. — CANTON DE GUILLESTRE. — Dans *une Grotte* à Champcella, B. Tournier a recueilli une hache polie en serpentine et des vestiges d'industrie robenhausienne.

Une petite Grotte, située à Rame, a été fouillée par B. Tournier qui découvrit un squelette avec une lame de poignard triangulaire, une spatule et un collier avec trous aux extrémités, le tout en bronze.

BASSES-ALPES

Arrondissement de Digne. — CANTON DE VALENSALLE. — *Un certain nombre de Grottes* s'ouvrent sur le flanc de la colline dominant la rive droite du Verdon, commune de Gréoux. Les fouilles pratiquées par Jaubert dans ces grottes, dont la plupart étaient fermées par un mur en pierres, lui ont donné des instruments en silex taillés et polis, des poinçons en corne de cerf, de la poterie brisée et des os humains. Une de ces grottes désignée sous le nom de *Grotte du Verdon* par H. Nicolas, lui a donné un crâne humain, des lames de silex, deux vases en poterie, deux bracelets, une fibule et une épingle en bronze.

Arrondissement de Castellane. — Canton d'Annot. — *La Grotte de Saint-Benoit* est située près de ce village, au-dessus de la route d'Entrevaux. Les fouilles faites par Girard de Rialle, en 1872, et par E. Rivière, en 1877, donnèrent des restes d'industrie néolithique et des os humains. Les parties inférieures du sol n'ont pas été explorées.

Arrondissement de Forcalquier. — Canton de Reillane. — *La Grotte de Reillanne* contenait des os humains et des pointes de flèche en silex.

L'abri d'Oppedette, près de ce village, dans le défilé de Gournié, contenait une tombe formée de dalles de calcaire, qui recouvraient de tout côté un squelette accompagné de deux anneaux et d'un fragment de bronze, d'instruments en serpentine et de poterie.

Canton de Banon. — *Un Abri*, situé au quartier de la Grange-Neuve à Revest-des-Brousses, a donné à Coll et Leroy des os humains, des pointes de lance en silex et une plaque de bronze.

Arrondissement de Sisteron. — Canton de Sisteron. — *La Grotte du Trou-d'Argent*, dans le rocher de la Baume qui fait face à Sisteron, fut fouillée par H. Nicolas, E. Pardigon et G. Tardieu. Ils rencontrèrent des monnaies romaines, des débris de poterie grossière, des silex taillés, une hache polie, des poinçons en os et des fragments d'os humains.

Dans *une Grotte*, située tout près de Sisteron, H. Nicolas recueillit des tessons de poterie, plusieurs poinçons en os, et, à la surface du sol un disque en bronze.

Canton de Noyers-sur-Jabron. — *La Grotte de Saint-Robert*, à Valbelle, a été fouillée par H. Nicolas, qui trouva des silex d'apparence moustérienne.

BOUCHES-DU-RHONE

Arrondissement de Marseille. — Canton de Marseille. — Les grottes et abris suivants se trouvent dans le massif de Marseille-Veyre : *Les trois Grottes*, dites *Baumes Saint-Michel-d'Eau Douce*, sont situées sur le versant Sud. *La Baume Saint-Michel*, la plus méridionale, et *la Grande Baume* renfermaient des débris de poterie grossière. *Une Grotte* ou galerie étroite, à quelques mètres de la précédente, contenait des silex robenhausiens, des patelles percées et de la poterie brisée. *La Baume de Rolland*, sur le versant Nord, contenait à l'entrée des silex taillés, des fragments de poterie et des os humains. *La Baume de la Colonne*, au Sud de la précédente, a donné des morceaux de poterie néolithique et plus récente. Sous *un Abri*, situé sur la côte Est de la calenque de Cortiou, se trouvaient des silex taillés robenhausiens, un fragment de hache polie et des débris de poterie.

A *l'Abri du Puits-de-Sormiou*, des silex magdaléniens et des patelles trouées ont été signalés.

Dans *la Baume des Morts*, sur le rivage Nord de l'île Jaïre, on découvrit de très nombreux squelettes humains, avec quelques fragments de poterie et un éclat de silex.

La Baume Loubière s'ouvre dans le massif de l'Etoile, à 2 kil. au Nord-ouest de Château-Gombert. Elle a donné des débris de poterie néolithique, de rares silex taillés et deux poinçons en os. *Le petit Abri de La Loubière*, situé à côté, ne renfermait que quelques fragments de poterie.

La Baume Sourne se voit à l'Est-nord-est d'Allauch, près du pic de Garlaban. On y a recueilli des grattoirs, pointes de flèche et autres silex taillés, des poinçons en os et de nombreux débris de poterie néolithique.
Tous ces abris et grottes ont été fouillés par E. Fournier et C. Rivière.

Canton d'Aubagne. — Dans *les Grottes* dites *Trou des Morts* et *Saint-Trou*, près de Cuges, on a découvert des squelettes humains.

La Grotte de Saint-Clair ou *de Gémenos*, au-dessus du ravin de Saint-Clair, fut fouillée par Marion. Il découvrit une vingtaine de squelettes humains, des débris de poterie, des lames, éclats et une pointe de flèche en silex.

Canton de La Ciotat. — *La Grotte du Pélerin*, abri situé dans le parc de Roquefort, fut vidé par de Villeneuve, qui trouva un squelette avec une arme en fer.

Canton de Roquevaire. — *Les deux Baumes de Lascours* se trouvent à 500 mètres au Nord-est du village, sur le versant Est du massif d'Allauch. A l'entrée d'une des grottes, E. Fournier et C. Rivière ont rencontré des poteries néolithiques, et dans le fond des os humains. L'autre grotte n'a pas encore été fouillée.

L'abri Négrel, dans le massif d'Allauch, renfermait des poteries néolithiques brisées, autour d'un foyer.

Arrondissement d'Aix. — Canton d'Aix. — *Plusieurs Grottes* s'ouvrent au sommet du vallon des Gardes, quartier du Colombier, environs d'Aix. Marion y a signalé des foyers avec silex taillés, lames, petites pointes robenhausiens.

La Baume d'Onze Heures, près de Trets, fut fouillée par Jullien, puis par Maneille. Elle a fourni, associés à des os humains, plus de trois cents perles discoïdes ou cylindriques en serpentine bleu foncé et en calcaire, des rondelles en test de coquille, diverses pendeloques en os et pierre, des pointes de flèche, une aiguille en os, quelques débris de poterie, et, quatre pièces en bronze : deux pointes de flèche, un poinçon et un objet indéterminé.

Une Grotte, près du château de Saint-Marc, à Vauvenargues, contenait, d'après Marion, une quantité d'os humains, des silex et de la poterie néolithiques.

Canton de Martigues. — *L'Abri de la Font-des-Pigeons*, à Châteauneuf-lès-Martigues, a été fouillé en 1899 par Repelin, puis par M. Dalloni et Ch. Cotte. Ils constatèrent deux couches de foyers superposées renfermant l'industrie robenhausienne, lames, grattoirs, tranchets, pointes de flèche et de rares haches polies, des instruments en os, diverses pendeloques et des débris de poterie.

La Grotte de la Marane est dans le vallon de ce nom, à Châteauneuf-les-Martigues. A. et Ch. Cotte, en 1904, y découvrirent trente pointes de flèche et des éclats de silex, des tessons de poterie et de nombreux os humains.

L'Abri de Carri-le-Rouet a donné de nombreux silex robenhausiens et des morceaux de poterie.

La Grotte d'Ensuès, à 100 mètres au Nord de l'Eglise de ce village, commune de Rove, fut fouillée par Marion, qui recueillit d'abondants instruments en silex néolithiques.

Un Abri, situé à 150 mètres au Sud d'Ensuès, a été exploré par Dalloni et fouillé, en 1905, par Ch. Cotte et Martin-Tabouret. Ils recueillirent des éclats nombreux, des lames, perçoirs et tranchets en silex, et une hache polie.

La Grotte Murée, à l'Estaque, commune de Rove, a donné, à Dalloni, des silex taillés très nombreux de formes peu définies, et des os humains.

L'abri du Ravin, à l'Estaque, renfermait des silex taillés, un polissoir en grès et de la poterie néolithiques.

L'abri de la Corbière, est situé dans la colline qui borde à l'Ouest le rivage de l'Estaque. E. Fournier et C. Rivière y ont trouvé des foyers avec silex taillés et patelles percées. Au fond gisait un squelette humain.

Plusieurs Grottes, situées dans la montagne de la Nerthe, sur le bord de la mer, entre l'Estaque et les fabriques de ciments, ont été explorées par Marion. Il trouva des silex taillés et des patelles percées. *La Grotte Crespine* surplombe presque l'entrée du futur tunnel qui reliera Marseille au Rhône. Stanil Clastrier y découvrit un crâne humain, beaucoup de silex taillés et divers fragments de poterie. *Une Grotte*, découverte en 1912, a fourni, à S. Clastrier et au Dr Icard, un squelette d'homme avec à ses côtés un vase en terre néolithique.

Arrondissement et canton d'Arles. — *La Grotte de la Source*, dans la montagne du Catellet, près d'Arles, a été fouillée par J. Gilles et Cazalis de Fondouce. Elle contenait des os humains, des haches polies, des perles en jade et pierre ollaire, des poinçons en os et des fragments de poterie.

Bassins du Tech, de la Tet, de l'Agly, de l'Aude et de l'Hérault.

PYRÉNÉES-ORIENTALES

Arrondissement de Perpignan. — Canton de Latour-de-France. -- Dans *une grotte*, près d'Estagel, découverte par suite des travaux du chemin de fer de Rivesaltes à Quillan, le Dr A. Domezan découvrit des os humains, des débris de poterie ; des silex taillés et une aiguille en os magdaléniens.

Une Grotte, près du pont de la Fou à Saint-Paul, murée en 1842, renfermant des ossements humains.

Arrondissement et canton de Prades. — *La Grotte de Fuilla*, fouillée par Itier en 1837, contenait des os humains et des fragments de poterie grossière.

AUDE

Arrondissement de Carcassonne. — CANTON DE CONQUES. — *La Grotte de Salelles*, dans le flanc Sud-est de la montagne de Moncamp, en face du village, explorée en partie, renfermait des silex et os travaillés magdaléniens, et au-dessus des os humains et des objets robenhausiens.

CANTON DU MAS-CABARDÈS. — *La Grotte de la Fonde*, à Lastours, a été explorée par Cros, en 1837. Il découvrit de nombreux squelettes humains.

Dans *la Grotte du Prestil*, à Lastours, G. Sicard a constaté la présence de foyers avec débris de poterie.

CANTON DE PEYRIAC-MINERVOIS. — *La Grotte du Roc-de-Buffens* est à 500 mètres de Caunes, rive gauche de l'Argent-Double. Les deux salles principales ont été fouillées par G. Sicard, qui recueillit des poinçons en os, six haches polies, de nombreuses dents d'animaux percées, des pendeloques en schiste, un bracelet en lignite et un fragment ; plusieurs épingles, des boutons plats et coniques, une pointe de flèche, des bracelets, une fibule et un rasoir, le tout en bronze. Les fouilles mirent aussi à jour une petite lame d'or ornée, des objets en fer très détériorés, et six squelettes humains avec deux fibules et quelques épingles de bronze et de la poterie noirâtre.

Dans le Rec de las Balmos, au Nord-est de Caunes, se trouvent de nombreuses grottes, dont quelques-unes ont été explorées par G. Sicard. *Une petite Grotte*, sur la rive gauche, lui a fourni trois squelettes humains, une pointe de flèche en silex et de la poterie grossière. *Une Grotte*, sur la rive droite, contenait des os humains, des débris de poterie ornée et une belle pointe de lance en silex.

La Grotte, dite *Balmo del Carrat*, au Nord de Caunes, a été mise au jour par l'exploitation du marbre. Dans la principale salle,

G. Sicard découvrit des squelettes humains avec des haches polies, une plaque et un bracelet en schiste, des poinçons en os, une canine perforée et des débris de poterie. Une petite salle du fond contenait des os humains, un anneau et une épingle en bronze et de la poterie brisée.

Les Grottes d'Argentières, situées au-dessus de ce hameau, près de Caunes, ont la plupart de petites dimensions. Une, bien que complètement fouillée, n'a donné à G. Sicard que des morceaux de poterie.

La Grotte de l'Esclavolgadou est sur la commune de Citou. G. Sicard et G. Férières y trouvèrent de nombreux os humains, des coquilles percées, une pointe de lance en silex, une hache polie et des débris de poterie.

CANTON DE TUCHAN. — *La Grotte de Padern*, à la base du Mont-Tauch, a donné à A. Barnier, en 1875, de nombreuses poteries brisées d'âges divers, quelques silex taillés et des os humains.

Arrondissement de Narbonne. — CANTON DE COURSAN. — *La Grotte* ou *Trou de la Crouzade* est située dans la montagne de la Clape, à 4 kilomètres de Gruissan. En 1874, Rousseau et H. Garcin trouvèrent, sous une couche robenhausienne, des foyers magdaléniens avec pointes de sagaie en corne de renne, des pendeloques et des os avec gravures.

CANTON DE GINESTAS. — *Les deux Grottes de Bizes* ou *des Moulins* s'ouvrent dans la vallée de La Cesse, en amont et à 3 kilomètres de Bize. Signalées en 1828 par Tournal, elles furent ensuite fouillées par de Christol, Julien, Filhol, Cazalis de Fondouce, etc. Le dépôt de la plus grande grotte comprenait quatre assises distinctes: 1º couche supérieure avec objets d'industrie robenhausiens; 2º couche avec foyers magdaléniens, silex taillés, instruments en os et corne, dents de renne et de loup percées, os gravés; 3º couche contenant des pointes solutréennes en feuille de laurier; 4º à la base, nombreux éclats de quartzite affectant les formes moustériennes. Dans l'autre grotte on a rencontré des os humains et des débris de poterie, et des foyers avec silex taillés et quelques os travaillés magdaléniens.

Arrondissement de Limoux. — CANTON DE SAINT-HILAIRE. — Dans *la Grotte des Bals*, près de Saint-Hilaire, des os humains se voient à la surface du sol. En face, au-dessus de la ferme de la Bourdette, existent *plusieurs abris* sous lesquels les habitants du pays ont recueilli des haches polies et des pointes de flèche en silex.

La commune de Greffeil possède un certain nombre de grottes et abris. *La Grotte du Singla,* rive droite du Lauquet, et *l'Abri des Menels,* sur la rive gauche, ont donné à l'abbé Ancé, des haches polies et des silex robenhausiens. *La Grotte du Duc,* située sur le haut de la montagne, en face de Greffeil, renfermait aussi des objets d'industrie néolithiques.

Un Abri, près du moulin de Cremaillou, à Caunette-sur-Lauquet, a donné des silex taillés.

HÉRAULT

Arrondissement de Montpellier. — Canton de Castrie. — *La Grotte du Druide,* dans une gorge à 6 kilomètres au Nord de Galargues, a été explorée par Ch. Jeannel. Il découvrit des os humains, et des foyers magdaléniens avec silex et bois de cervidés taillés.

La Grotte de Baillargues, entre ce village et Castrie, a livré, à P. Gervais, des squelettes humains avec lames de silex, rondelles en test de coquilles et débris de poterie.

Canton de Ganges. — *Les Grottes* dites *Les Baumelles* sont trois petites cavités situées à 3 kilomètres de Ganges, près du domaine de la Moure. La première renfermait des os humains, des instruments en silex et en os robenhausiens et de la poterie. La deuxième contenait un crâne humain et des restes d'instruments en fer. La troisième contenait beaucoup de fragments de poterie.

Dans *la Grotte* dite *Trou de Las Lecos,* Boutin a découvert d'abondants os humains et tessons de poterie grossière.

Un grand nombre de grottes et abris existent dans la gorge de l'Hérault, aux environs de Laroque ; plusieurs ont été fouillés, d'autres sont à peu près inaccessibles. *La Grotte de l'Aven-Laurier* est située sur la pente de la montagne du Thaurac. Boutin y découvrit huit squelettes humains, des poinçons en os, des pointes de lance en silex, des dents d'animaux percées et de nombreux débris de poterie. *La Grotte de Baumo-Douco,* à 150 mètres de la précédente, a livré, à Boutin, des silex et os taillés et des fragments de poterie néolithiques. Dans *la Grotte de Laroque,* à 1 kilomètre de ce bourg, rive gauche de l'Hérault, Boutin, P. Gervais et Cazalis de Fondouce, recueillirent, à la surface, des objets robenhausiens, et, au-dessous des foyers avec silex magdaléniens. *Une Grotte*, située près de la précédente, a donné au lieutenant E. Gimon, en 1905, de nombreux silex taillés très petits et des burins.

La Grotte de Chanson, au Mont Thaurac, à Saint-Bauzille-de-Putois, fut visitée en 1866 par Bourguignat, qui trouva une belle pointe de lance en silex.

La Grotte de la Salpêtrière, dans la vallée de la Vis, à Cazilhac-le-Bas, a été fouillée par Boutin et par Cazalis de Fondouce. Le sol remanié par l'exploitation du salpêtre contenait des tessons de poterie grossière, et, sur un point très restreint, un foyer avec silex, os et bois de cervidés taillés magdaléniens.

Canton de Frontignan. — *La Grotte de la Madeleine*, à Villeneuve-les-Maguelonne, a fourni à A. Meunier, en 1872, deux haches polies, des outils en silex et os, des dents d'animaux percées, des os humains, et quelques objets en bronze : un bracelet, une longue épingle, deux anneaux, une douille et une tige pleine.

Canton de Lunel. — Dans *une petite Grotte*, à Villetelle, rive droite du Vidourle, le Dr Marignan a trouvé des débris de poterie néolithique.

Canton de Mèze. — *La Grotte de l'Homme-Mort*, au sommet de la combe de ce nom, à Gigean, fut fouillée en partie par A. Munier, en 1872. Il trouva des squelettes humains avec trois anneaux et deux pointes en fer et d'autres os paraissant avoir subi l'action du feu ; dans la couche inférieure il recueillit un grattoir et un disque en silex paléolithiques.

La Grotte du Col de Gigean, dans la chaîne de collines de la Gardéole, à Gigean, a livré, à A. Meunier, au milieu d'os humains, un poignard et des pointes de flèche en silex.

Arrondissement de Béziers. — Canton de Capestang. — *Une Grotte* à Quarante, fouillée par Cazalis de Fondouce, contenait, avec des os humains, une pointe en silex, des perles en test et des dents d'animaux percées.

Canton de Montagnac. — Dans *la Grotte de Roca-Blanca*, près de Cabrières, Paul Gervais recueillit, en 1867, des os humains et des poteries grossières brisées.

Canton de Roujan. — *La Grotte de Caramaou* ou *Baumo de las Fados* est située au tènement de Valeuzières, à Montesquieu. Sabatier-Désornauds y découvrit des os humains, des pointes de flèche en silex, quelques pendeloques en os, des fragments de poterie, et, au-dessous des foyers avec silex magdaléniens.

Arrondissement de Lodève. — Canton de Lodève. — Dans *une Grotte*, près de Saint-Pierre-de-la-Fage, Cazalis de Fondouce a recueilli des os humains.

Canton de Caylar. — *La Grotte de Calmels*, à Cros, a donné des os humains et de petits anneaux en bronze.

Arrondissement de Saint-Pons. — Canton de Saint-Pons. — *La Grotte de Pontil*, aux portes de Saint-Pons sur la route de La Salvetat, renfermait des os humains, des gaines en bois de cerf, des haches polies, des pendeloques en os et divers instruments en silex et os robenhausiens.

Les trois Grottes du Pont-de-Ratz, près de Saint-Pons, explorées par J. Sahuc, ont donné, une un foyer néolithique avec poinçons en bois de cerf et débris de poterie, une autre des os humains et de la poterie grossière.

La Grotte de Coulouma, à Pardailhan, renfermait des squelettes humains avec des objets de bronze, et un squelette ayant à ses côtés une épée de fer.

La Grotte de Rassoudens, près du hameau de la Garrigue-Noire, et *les deux Grottes de Dieuvaillé*, explorées par J. Miquel, renfermaient des os humains. Dans une, il recueillit deux haches polies et six pointes de flèche en silex.

Canton d'Olargues. — *La Grotte de la Vézelle*, en amont du hameau de Julia, contenait vers l'entrée, d'après J. Miquel et Sahuc, des foyers avec haches polies, gaines et marteaux en bois de cerf, poinçons, aiguilles et lissoirs en os, et une pointe en silex.

La Grotte de Camprafaud, au sommet de la montagne qui domine les gorges du Poussarou, a fourni, à J. Miquel, des fragments de poteries diverses et quelques instruments en silex et os.

La Grotte du Poussarou, près de la ferme de ce nom, est au-dessus de la route de Saint-Pons à Saint-Chinian. J. Miquel et Villebrun y trouvèrent des haches polies, des gaines en bois de cerf, des outils en os, plusieurs fusaïoles et dents d'animaux percées.

La Grotte de Caudanières s'ouvre dans les rochers au-dessus de la rive droite du ruisseau de Ferrières. On y a rencontré une hache polie, des objets en silex et os et de la poterie néolithiques.

Dans *la Grotte de Bonnefont* se trouvaient des os humains.

Canton d'Olonzac. — *La Grotte de l'Abeuradou*, située sous le col des Fontanelles, à Félines-Hautpoul, contenait des silex et os taillés et de la poterie robenhausiens.

Plusieurs Grottes du Rec-des-Balmes, situées au-dessus du hameau de la Bouriette, à Félines-Hautpoul, ont été sommairement explorées par G. Sicard. Il trouva des os humains, des pointes de flèche en silex et de nombreux débris de poterie.

La Grotte de la Coquille ou *de Minerve* s'ouvre près du hameau de Fauzan, à Cesseras. Les fouilles de Sicard, F. Regnault, E. Rivière et G. Gautier ont mis à jour des os humains, des débris nombreux de poterie primitive et des instruments en os néolithiques. Vers l'entrée seulement et sur la plate-forme qui la précède, se trouvaient des pointes à main et des racloirs moustériens en quartz et quartzite.

La Grotte de Roquefourcade, à Cruzy, renfermait des squelettes humains et des objets de bronze.

Bassins de l'Argens, du Var et de la Roia.

VAR

Arrondissement de Draguignan. — Canton de Callas. —

La Grotte de Chateaudouble ou *des Chauves-Souris* est située dans la vallée de la Nortuby, entre le quartier des Frayères et Chateaudouble. Panescorse y signala, en 1846, des os d'hommes et d'animaux. Vers 1874, de Bonstetten y recueillit une hache en bronze, et, en 1904, F. Moulin entreprit des fouilles à l'entrée et découvrit des silex moustériens peu nombreux et de petites dimensions : quelques racloirs, lames et éclats et surtout des pointes à main.

Canton de Salernes. — *L'Abri dé Saint-Pierre*, au domaine de ce nom à Tourtour, a donné, à L. C. Dauphin, un foyer avec débris de poterie.

Arrondissement de Toulon. — Canton d'Ollioules. — *Une Grotte au quartier Du Destel*, dans les gorges d'Ollioules, a fourni, à C. Bottin, trois squelettes humains, des lames et éclats de silex, une hache polie et des débris de poterie.

La Grotte de la Poudrière, sur le flanc du ravin de la Clavelle, et *la Grotte de la Clavelle*, située en face, ont été explorées par E. Rivière. Elles contenaient des os humains et des fragments de poterie grossière.

Il y a *plusieurs Grottes* dans la falaise qui borde le vallon de Sinaï, sur la commune d'Evenas. C. Bottin a trouvé, dans l'une, des fragments de poterie grossière et des silex taillés.

Canton de Salliès-Pont. — Dans *la Grotte de Belgentier*, de Boutiny a découvert deux haches polies, douze aiguilles, un ciseau et un bracelet en bronze, des coquilles perforées, des poinçons en os et des débris de poterie.

Arrondissement de Brignoles. — Canton de Besse. — *Les deux Grottes de Gonfaron* se trouvent sur le versant de la colline de la Roquette. Dans l'une, vers 1874, de Bonstetten trouva un squelette d'homme et une hache à bords droits en bronze, et, 20 mètres plus loin, un amas d'os humains, des poteries brisées, une pointe de flèche et une scie en silex. L'autre grotte, découverte en 1875, contenait, d'après Paul Guillabert, des squelettes humains avec des perles en calcaire.

Canton de Rians. — *La Grotte de Rigabe*, dans les environs de Rians, a donné à F. Marion, un rocher de bœuf percé d'un large trou et des os de ruminants entaillés

ALPES-MARITIMES

Arrondissement de Nice. — Canton de Nice. — *La brèche du Château*, détruite vers 1866, se trouvait dans une fissure du rocher qui supporte le château, du côté du port, à Nice. Cette brèche contenait, d'après Cuvier, des os d'animaux de la faune quaternaire et un fragment de mâchoire supérieure humaine. Ph. Gény y a trouvé un silex taillé.

La Grotte du Château, également détruite, s'ouvrait à côté de la fissure. On y a recueilli un crâne humain qui est au musée de Milan.

Dans *une Grotte*, située au quartier Lympia, au dessus de la route de Villefranche, E. Rivière a recueilli trois coups-de-poing en calcaire compacte.

Canton de Sospel. — *La Grotte d'Albarea*, dans le vallon de ce nom à Sospel, découverte par Troesca, en 1875, a été fouillée par E. Rivière et L. de Vesly. La première salle a fourni de nombreux os humains, des tessons de poterie grossière, des coquilles et des dents d'animaux percées, une pointe double et deux petits cylindres en bronze.

Canton de Villefranche. — *L'abri du Cap-Roux* ou *de Beaulieu*, sur cette commune, fut mis à jour, en 1872, par les travaux de la route de Nice à Monaco. E. Rivière, dans une fouille importante, découvrit à 3^{m}10 de profondeur un foyer avec silex très abondants : lames, nucléus, grattoirs simples et doubles, burins, lames à tranchant abattu et surtout débris de fabrication, deux poinçons en os et quelques os grossièrement taillés. À 4^{m}25 de profondeur, il rencontra un deuxième foyer, avec silex analogues, un peu moins nombreux et trois poinçons en os.

Arrondissement de Grasse. — Canton de Grasse. — *La Grotte du Pilon de Magnanosc*, près de Grasse, fut explorée par Chiris, et, en 1905, fouillée par P. Goby. Elle renfermait de nombreux os humains, surtout de jeunes individus, associés à des tessons de poterie, des pointes de flèche en silex, des pendeloques en os, des perles en calcaire et en bronze et un fragment de bronze en forme d'agrafe.

Canton de Saint-Vallier. — *La Grotte Lombard*, au quartier de Degoutaï, à Saint-Vallier, a été fouillée par C. Bottin, en 1883, et par P. Goby depuis 1901. Elle a donné des os humains, des débris de poterie, des silex robenhausiens assez nombreux, une hache polie et des poinçons en os.

La Grotte Durand est près du hameau de Ferrier. E. Rivière et C. Bottin y ont recueilli des fragments de poterie grossière et quelques silex taillés.

La Grotte de Peymeinade, au pied des contreforts de Saint-Vallier, a livré, à Desor, de nombreux os humains et un peu de **poterie grossière.**

La Grotte Ardisson est située au quartier du Suquet, aù Nord de Spéracèdes, commune de Cabris. P. Goby, en 1905, trouva dans la première salle, des poteries d'âges divers, une fibule et un anneau de bronze et une hache polie, et, dans la couche inférieure, des foyers, avec fragments de poterie grossière et de rares éclats de silex.

Quatre Grottes, appelées *Baumas de Bails*, près de ce hameau sur la commune d'Escragnolles, ont été explorées par C. Bottin et E. Rivière. La plus proche de Saint-Vallier contenait des os humains avec poteries brisées, poinçons en os et deux petites lames de bronze. Dans la deuxième, les fouilles n'ont rien donné. La troisième renfermait de la poterie et deux éclats de silex. La quatrième a donné des tessons de poterie grossière et un lissoir en os.

Les Grottes de Saint-Martin, commune d'Escragnolles, sont situées à peu près en face des précédentes, sur la rive droite du ruisseau des Vallons. Des recherches y ont été faites par Bottin, Chiris et E. Rivière. Elles comprennent les sept grottes suivantes :

La Grotte du Jas ou *de la Bergerie*, dans laquelle on a trouvé des silex et os taillés. *Les Baumons de Thiey*, deux petites grottes qui contenaient, l'une un squelette, l'autre deux squelettes humains, associés à de la poterie grossière. *Le Baumon du Duc* a donné des instruments néolithiques en silex et os, des débris de poterie. *Le Baumon de Briasq* a donné de très nombreux tessons de poterie. Chiris y a trouvé plusieurs moules entiers et d'autres cassés destinés à couler des objets en bronze. *La Baume de la Ville* renfermait des fragments de poterie. *La Grotte des Gourgs* a fourni des os humains et de la poterie.

La Grotte des Clapiers ou *Trou Camatte*, ou *Puits d'Estève*, au quartier des Clapiers, à Saint-Cézaire, fut fouillée par C. Bottin et par E. Rivière. Ils mirent à jour des os humains associés à des fragments de poterie grossière, des haches polies, de très nombreuses lames de silex, une pointe en os, des pendeloques et neuf bracelets en bronze.

La Grotte de Fourtanié et *la Grotte du Trou-Bonhomme*, à Saint-Cézaire, ont donné à Bourguignat, en 1866, des bracelets en bronze et une pointe de flèche en fer.

Canton de Vence. — Sur le flanc des rochers abrupts, dit Pic des Blancs ou Baou des Blancs, au Nord de Vence, s'ouvrent plusieurs grottes. Deux furent fouillées, en 1874, par Ed. Blanc qui recueillit des fragments de poterie grossière, des haches polies et des instruments en os, au milieu d'ossements humains. P. Goby exécuta des fouilles en 1901 et 1906 dans *la Grotte de l'Ibis*, il trouva de nombreux os humains, surtout dans une espèce de fosse creusée dans la première salle, un vase entier et des débris de poterie néolithiques, cinquante-deux perles en pierre, des pendeloques en os, sept pointes de flèche en silex et une pendeloque en cuivre ou bronze. Dans *la Grotte de l'Aigle*, située près de la précédente, P. Goby découvrit des os humains avec de la poterie fragmentée et deux dents percées.

La Principauté de Monaco étant enclavée dans le département des Alpes-Maritimes, je citerai plusieurs grottes qui existaient dans les rochers situés au Nord de la rade de Monaco. Les travaux du chemin de fer de Nice à Gênes, en taillant à pic ces rochers, firent découvrir, dans ces anfractuosités des os humains, associés à des débris de poterie néolithique et à quelques objets d'industrie, entre autres une pointe de flèche en silex.

Le Mans. — Imprimerie Monnoyer. — 1913.